原日本人やーい！

Into the Soul of Japan

あん・まくどなるど対談集

A Collection of Interviews with Anne McDonald

（財）地球・人間環境フォーラム編

C・W・ニコル　萱野 茂　渡邊 護
山縣睦子　石毛直道　今井通子
松本善雄　佐々木 崑　岩澤信夫
高田 宏　加藤登紀子　礒貝 浩

アサヒビール株式会社発行■清水弘文堂書房編集発売

原日本人、やーい！

目次

あん・まくどなるど対談集

Into the Soul of Japan

A Collection of Interviews with Anne McDonald

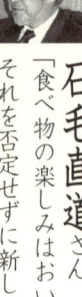

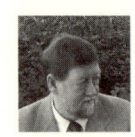

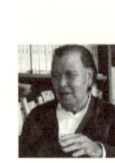

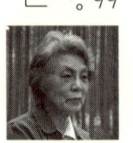

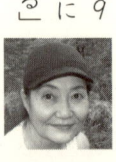

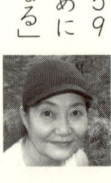

写真　礒貝　浩／あん・まくどなるど／財団法人地球・人間環境フォーラム『グローバルネット』編集部ほか

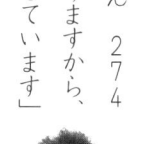

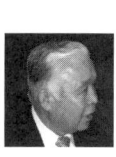

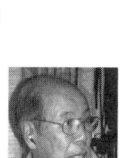

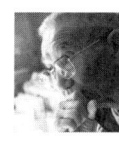

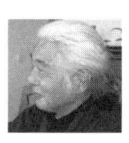

STAFF

PRODUCER 平野　喬（『グローバルネット』編集長）　磯貝　浩（清水弘文堂書房社主）
DIRECTOR あん・まくどなるど（宮城大学准教授）
CHIEF EDITOR & ART DIRECTOR　磯貝 浩
EDITOR 坂本有希（『グローバルネット』編集担当）
DTP EDITORIAL STAFF 小塩 茜（清水弘文堂書房葉山編集部）
COVER DESIGNERS 二葉幾久　黄木啓光　森本恵理子
□
アサヒビール株式会社「アサヒ・エコ・ブックス」総括担当者　名倉伸郎（環境担当執行役員）
アサヒビール株式会社「アサヒ・エコ・ブックス」担当責任者 竹田義信（社会環境推進部部長）
アサヒビール株式会社「アサヒ・エコ・ブックス」担当者　竹中 聡（社会環境推進部）
□
※この本は、オンライン・システム編集と新 DTP（コンピューター編集）でつくりました。

ASAHI ECO BOOKS 20　財団法人地球・人間環境フォーラム編

原日本人やーい！

あん・まくどなるど対談集

アサヒビール株式会社発行□清水弘文堂書房発売

C・W・ニコル□萱野　茂□渡邉　護□山縣睦子□石毛直道□今井通子□松本善雄□佐々木　崑□岩澤信夫□高田　宏□
加藤登紀子□礒貝　浩

本書は、財団法人地球・人間環境フォーラムが発行する月刊機関誌『グローバルネット』に2002（平成14）年1月号から2004（平成16）年12月号まで連載された対談を単行本化したものです。

初出誌は、こんなふうにはじまります。

『古き良き日本の伝統や文化。それを育んだ農業、漁業、林業など基本的な人間の営みのなかに、わたしたちが忘れてしまった「持続可能な社会」への道しるべが隠されているのではないでしょうか。(財)地球・人間環境フォーラムの客員研究員で、日本の農山漁村を歩きながら森の民、共生の民と対話をつづけているあん・まくどなるどさんに、原日本人を探していただくシリーズです。第1回はC・W・ニコルさん。森を守るために「闘い」を決意した日本人です。』

C・W・ニコルさん

「ぼくはこの国へお返ししたい。
日本人じゃなければ、
できない仕事があるんです」

「故郷のカナダは大陸としては
幅があるかもしれないですけど、
日本の、カナダにない変化の深みは、
すごいんですすよね」　　――あん

対談のホステス役をつとめる、あん・まくどなるどさんは、ニコルさんの本拠地である信州・黒姫で学生時代に数年間をすごしました。彼女はそのころから、ニコルさんの知遇を得ています。そこで、1回目の対談は、ニコルさんにご登場ねがうことにしました。

北に流氷、南にサンゴ礁、こういう国、ほかにない

ニコル　あんの質問はたくさんあると思うけど、ぼくは「なんで日本人になったか？」という質問には、これまであちこちで100回も答えているから、それを早く片づけるね（笑い）。

あん　わたしはわりと生真面目だから、これ（『グローバルネット』編集部が用意した質問表）をある程度ベースにしながら質問を、と考えていました。そう、この質問一覧表にも、その項目あります（笑い）。ニコルさん、〝Why Japanese?〟という質問に、うんざりしてるんじゃないかと思って……。

ニコル　かならず、みんな聞くから早くいうね、あなた、その質問、しなくていいから。

あん　わたしはね、「たまたま人生はそうなった」という答えだと予想するんですが……。

ニコル　名前と顔がなかったら、今［2002（平成14）年］までぼくがやってきたいろんな活動を検

証すると、それは日本人の行動だと思うでしょ。3年まえ、空手で七段、とったでしょ。で、日本語の小説をふたつ書いて、劇も書いて、その活動は本当に日本人的だと思っている。ぼくはケルト系日本人ですね。14歳から柔道をやっている。柔道とレスリング。当時はヨーロッパ、どこ探しても、本当の空手の先生、いなかったんです。それで、空手の本場は沖縄だとわかった。ですけど、あの当時はアメリカに支配されていたんです。ぼくは反アメリカじゃないんですけど、アメリカのアジアに対する立場、考え方、大嫌いだったんですね。だから、アメリカに支配されている沖縄に行きたくなかったから、東京に来たんですね。それで日本人・日本の食べ物・日本の自然が大好きになって、最初、日本人と結婚したんですね。

あん　あ、女も好きだったからかな（笑い）。

ニコル　はい。ぼく、中国行っても、フランス行っても、おなじようなことがあったと思うよ。2年の北極探検のあとで、もう女性みんな美しくて。I fall in love everyday（酔いしれるように体を揺らして）。22歳からずっと、日本のなかを移動して、カナダに2度もどって北極の仕事をして、それで、エチオピアに行って、30歳になってまた日本に来たんです。そのときは水産と日本語を勉強した。だんだんいろんな糸ができて、それからカナダに帰って、沖縄海洋博のときにカナダ館の副館長でまた日本に来たんです。その後、作家として日本に来たのは1978（昭和53）年。これ、『勇魚《いさな》』っていう捕鯨の歴史小説書くため。それから日本が一番長くなった。

　なぜ好きか。日本の自然の多様性、そうその豊かさ。北には流氷があって、南にはサンゴ礁。こういう国、ほかにはない。言論の自由は完璧にあるんですね。ぼくは、どっちかというとペイガンズ（多神教徒）ですけど、神道も大好きです。宗教の自由が大好きですね。

国と宗教があわさっている国、大っ嫌い（声をはりあげて）。宗教は、自分の心で決めることだと思っている。だから日本では、すごく楽。あと、旅の自由があります。どこでも、旅できる。基本的には、ぼくは闘いは好きですけど、平和主義者です。この国は五十何年も、ずっと平和を守っている。それから、この国が、ぼくにすごく優しいんですよ。いい経験、いい仲間、いい人生をあたえてくれてるから、ぼくはこの国へお返ししたい。日本人じゃなければできない仕事があるんです。

あん　わたしより、「対日本感」をずっと整理してますね。自分はたまたま、子どものころにヨーロッパに行ってたから、今度は逆方向に旅したいと思って、たまたま日本に来たんですね。すべては、たまたま今日までつながってきたんですけど。

エチオピアからもどった31年まえの日本は、天国だった

あん　先ほど、日本人じゃなければできない仕事があるっておっしゃったんですけど、外国人にはできないんだけど、日本の国籍とればできる仕事ってなんですか？

ニコル　財団をつくる。それに土地が絡んでる。ぼくの土地を財団の財産にして、美しい森としてのこしたいんです。

あん　わたし、実は日本の全漁村を調査・取材しながら一周しようとして

あんさんは、ここ10年ほどのあいだ、ちいさな軽自動車（写真右上隅）を改良したひとり用のキャンピング・カーで日本列島の全海岸線を走行して全漁村を探訪しようとしている

いるんです。北海道、本州、四国、九州、できたら沖縄まで。今まで7割まできているんですね。このあいだ、日本の格差を同時期に実感してみたいと思って、北から南へ旅をしました。２月に雪の直江津からフェリーで有明海まで行って。

あの辺まで行くと、海はガラスのように静かで透明で、漁師たちはTシャツで漁をしていて、日に焼けてました。宮崎からフェリーにのって東京でのりかえて、苫小牧まで行ったんですけど、苫小牧にはいったらもう厚いコートを着なくてはいけないんですね。それで、襟裳岬から、釧路、知床半島からオホーツク海に行って。オホーツク海に行くと、もうみんな冬眠していますね。船の上の雪かきしか漁師は作業してませんから。

自分の故郷のカナダは大陸としては幅があるかもしれないですけど、日本の、カナダにない変化の深みは、すごいんですよね、細長いから。もうひとつ、自分は大陸人間だと思うんですけど、なぜ日本が好きかというと、大陸との極端なちがい、大陸にない変化が島国にはある。

ニコル　ちいさい島ほど落ち着くね。

あん　それはなぜですか？　わたしは逆です。

ニコル　ちいさい島ならみんな知っている。この範囲だったら（両手を広げて）、守れるな。それから海が好きですね。

あん　森じゃなくて？

ニコル　森も大好きですよ。でも海にいると自信になる。

あん　陸とどうちがうんですか、海の世界は。

ニコル　海のほうが自由があるなあ、と感じます。でも、陸がないとこまるな（ふたりで大笑い）。

あん　もちろん陸の過去を見ると、海が原点になっていますよね。今、ニック（ニコルさんの愛称）は森を守る人として知られているんですよね。どうやって、海から森のほうにはいっていったんですか？

ニコル　いろんな生物に興味がある。森を保護するのが任務だと思ったのはエチオピアですね。国立山岳公園をつくったときに、森が破壊されると、どれほど人間の社会もダメになるか、わかったんですね。

あん　それはエチオピアで学んだんですか？

ニコル　まえから本で読んだりしてわかってたんですけど、この目で見た。森は破壊され、国は砂漠になり、おおぜいの人間は餓死した。これとくらべて、日本に帰って、31年まえの日本は天国のようだったんですね。

あん　1980（昭和55）年に黒姫（長野県）の森のほうに住むことになったんですね。

ウェールズのアファンの森と黒姫のアファンの森を姉妹森に

ニコル　黒姫に住むことになったいきさつは、あなたも知っているでしょ、詩人の谷川　雁さんがいたから、ぼくはそこに行った。まわりの森はどんどんどんどん伐られて、ぼくは林野

対談がおこなわれたホテル・ニューオータニの庭園にて

庁とけんかした。それで下手な日本語で愚痴をいうと、あちこち引っ張られるでしょ。それで、ぼくの本が売れるし、講演がたくさんあるし、儲けた。でも、いくらいっても日本の自然は破壊される。それで自分がなんかやらなくちゃいけない、と思って、17年まえから荒れてる森を買って、森を勉強して、復活させて、「おれはやってるからいってるよ」とね。

あん　それがすごいんですよね。単なる熱い論議をしている評論家じゃなくて、自分のいっていることを、言葉だけじゃなくて、実際の活動で示したんですね。

ニコル　これはぼくのおじいさんの影響ですね。彼がよくいったんですね。できる人はやる。できない人は教える。教えられない人は評論家になる。

あん　わたしはまんなかぐらいかな。

ニコル　でも、できるじゃない。

あん　いやー、そこまでは。

ニコル　ニワトリの解体とかも上手だと思うよ。魚もさばけるし。

あん　まあすこしずつ、ニックを見習いながらやってるんですけど。でも、ニックはよくやったと思います。日本では、たまに外国人であることは有利なこともあるんですよね。おなじこといってても、たまたま外国人がそれをいったら、「あー、なるほど」。あるいは「外国人帰れ！」とどっちかで、まんなかないんですけど。だけど、いろんな山も登ったけど、谷もあったと思うんですけど、どうしてそこまでしたんですか？　なにか使命感に燃えてた？　よせばいいのに。だってイギリスに帰れば、もっと楽な人生あったじゃないですか？

ニコル　まあそうですね。日本が大好きで。日本の自然は独特だと思って、もうちいさなところで守ったらいいなと思っていますよ。

あん　その特別なところ、日本の森は、どこにあるんですか？

ニコル　日本中にあります。ぼくの森「アファン」は、ぼくにとって特別ですね。どうして、そんなへんな名前をつけたか知ってるでしょ。ウェールズのAFAN AR GOED（森のふもとに広がる谷間の意）から来たんです。そこは森の谷間、という名前だったけど、ぼくが子どものときに、森は全然なくて、47か所の炭鉱からでたボタ山ばかりだったんです。今それは、美しい森になっています。ボタ山の上につくったんです。とにかく、今［2002（平成14）年2月］ぼくは、アファンの森を守る財団の申請中です。財団になったら、ウェールズのアファンの森とツインに。

あん　姉妹森。

ニコル　そう、姉妹森にしようと。ぼくはウェールズの映画祭に行ったんですけど、その話ももっていったんですよ。75人のウェールズ人と谷間の人びとに、黒姫のアファンの森の映像、スライド見せながら、こういう森です、と。彼らは感動したんです。まず、四季は、すごくきれいで雪があるでしょ。木の種類の豊富さ。南ウェールズの3倍。
　それから、熊の映像見せたら、「えっ、熊！」と。それから、ハクビシン、テン、イタチ、キツネ、タヌキ、リス。それ見たら「ウアー」。それから鳥を見て、たとえばサンコウチョウ（black paradise flycatcher）、尻尾の長い美しい鳥が、巣をつくっている、アファンのなかで。いろんな鳥の巣を見て、彼らが感動したんですね。喜んで姉妹森になる、と。おたがいにノウハウと、そのうちに人間を交換したいんですね。若い日本人を、1年2年、ウェールズに勉強に行ってこい、と。それで、ウェールズ人を呼んで、キノコのつくり方とか、いろんな日本の自然を見てもらう。やりたいですね、これぼくの最後の仕事ですね。

あん　かっこいいなあ。まさにグローカル活動ですね。

ニコル　はい。これ新しいタイプね。

自然のドロボーを見つけたらぶん殴る

あん　でも31年まえにエチオピアから帰ってきて、日本の森は天国、と思っていたようですが、日本人はだれも気づいてない、日本人はあまり自分たちの森を大切にしない。

ニコル　ぼくが会った人は、みんなぼくを森へ案内してくれた人だから、その人たちはみんな自然が大好き。ぼくはいい人ばかり見てるんですよ。でもいなーか（田舎の不合理な部分をニコルさんは、いかにもこまったという表情でいなーか、と独特のトーンで表現する）に住み着いたら、タヌキ爺どもとオラ方（利己的な言動をする人たちをニコルさんはこう表現している）どもが、ぼくに悔しい思いをさせているんですよね。たとえば、森を手いれすると、いろんな花がでてくる。4年目だったかな、エビネランが何千も咲きました。ものすごくきれいで、ぼくはうれしくてしょうがなかった。でもある晩、トラックで来て、全部盗んだんですね。金にする

黒姫で、いろんな職人さんたちに会って、根ほり葉ほり話を聞いた若いころのあんさん

と、400~500万円ぐらい。それから森を手いれすると、キノコは自然にでる。それは盗られても仕方ないなと思っていますが、シイタケ、ナメコ、ヒラタケ、クリタケや栽培しているものも毎年8割は盗まれるんです。めずらしい花は盗まれる。もう日本は本当に、泥棒の国になっているんですね。とくに、いなーか。

あん　ニコルさんのところだからかな。いじめだと思わないんですか？　日本全国でそうだと思われますか？

ニコル　全国そうですよ。いろんな人に聞いてもね、森を手いれしたりすると、ガバッと盗みに来る。山菜を根こそぎ盗るとか。日本国籍をほしかったもうひとつの理由は、おれは日本の刑務所に行く権利をもったということ。そういう奴を見つけたら、ぶん殴りますから。約束します、自分に。それで、おとなしく、網走大学でも行きます。

あん　おもしろい発想ですね。でも、泥棒がいっぱいいるというのは、人びとがもってる自然観が乏しい、ということですか？　なぜそういう現象が起きているんですか？

ニコル　壊れちゃったんじゃないですか？

あん　人間の自然観が？

ニコル　自然はおれのものだと。

あん　それは日本人だけだと思いますか？

ニコル　ぼくはとくに日本人、まあ文明国のなかで、とくに日本人にそれがあるんじゃないかと思うんですよ。

あん　でも、それはもともと日本にはなかった現象では？

ニコル　それは、もっと古い日本人に聞かなきゃいけないと思いますよ。まあ、ぼくはただ39年、日本にいますけど。

あん　ただ39年！

ニコル　ぼくが最初、日本に来たころは、わりときびしい人がたくさんいたんですね、まだまだ。たとえば戦争の経験をしたとか、それから明治時代の教育を受けたとか。そういう人たちの影響がおおきかったと思うんです。

あん　わたしも黒姫で、明治生まれの職人さんとか、機械化しなかった鎌鍛冶屋さんとか、竹細工師とか、ワラゾウリをあむおばあちゃんとか、そういう人たちのフィールド・ワークをして、まあいろんなお話を聞かせていただいたんですが、当時の人たちは、自然とともに生きていかなければ、生きていけなかったんですよね。

　やっぱり文明社会になればなるほど、「自然とともに」ということを意識しなくても生きていけるという錯覚を起こしてしまうんですね、本当はそうじゃないんですけど。くどいんだけど、日本人の自然観はどうしてそんなにかわったと思いますか？

ニコル　わからない。こうかなあ、ああかなあ、と思うことはありますが、わからないなあ。

「日本は迷子になっていると思います」——ニコル

「（義務教育の）科目の3分の1くらいは野外の体験学習にしてもいいと思うんですけど」——あん

日本の自然をこよなく愛するおふたりから、「自然とともに生きる」という、古き良き自然観を日本人自身が急速に失いつつあるというお話がありました。その変化の原因はいったい、なんなのか、そしてそれをとりもどすにはどうすればいいのか。おふたりに引きつづき語っていただきました。

ヅクナシの人間がおおすぎる

あん　自然に対するモラルは、どういうふうに育てていけばいいんですか。生活？　それとも教育？

ニコル　ちいさなポイントはたくさんいえますけどね。米をたくさんつくりすぎると、お金もらって減反しますよね。もしぼくが農家だったら、減反してもセイタカアワダチソウの畑にはしませんよ。ちゃんと草刈りくらいはします。それで許されたら、レンゲとかルービン（根粒菌をもった豆科の植物）つくりますよ。誇りとしてね。農家は鼻だけは高いですけど、心から誇りをもっている人は非常にすくないです。

畦《あぜ》道のまわりをすべてコンクリートにして、便利ですけど、ホタルとか全部いなくなった。ドジョウもいなくなった。だけど、そんなに畦《あぜ》道の仕事、大変だとぼくは思いません。あなたも田舎で育ったでしょ？　子どものとき、まだ暗いうちに起こされて、乳絞りとか、

あん　いろいろやってた。ヅクナシの人間がおおいんですよ。ヅクナシというのは、長野弁で、「やる気がない」「臆病」「怠け者」。

ニコル　そういうのは、いろいろ原因はあると思うんですけど、わたしは、ひとつは農政が誤ったことにあると思うんですよ。どの組織でもおおきくなると、腐った部分はでてくるし、見直しが必要になってくると思うんです。大戦直後、農家をささえた当時の農協はおおきな役割を果たしたと思うんですけど。

あん　もちろん。でも、現代の大部分の自然破壊は、田舎の人たちのせい。建設業界に参加して、わかっているのに「川殺し」をやるでしょ。言論の自由があるのに、どうしていわないの？　自分の首が切られるからかい？

ニコル　わたしは一次産業の役割が評価されてこなかったことにも問題あると思いますね。やはり、さっきいっていた「誇り」がないと。自分のやっている仕事がほめられたり、ちゃんと評価されたら、やっぱり誇りをもつと思うんですね。戦後の日本社会では、とくに高度成長から今日まで、漁師や農家の役割がきちんと評価されてないように思うんですよ。でも、現場の人たちの責任もあるんですね。みんないじめられていて、評価されないからもうやらないぞ、みたいな。

あん　ぼくは、最初に日本に来たときは、東京でも東村山というところだったから、畑とかいっぱいあったんですよ。あの当時ぼくが書いたものは、「日本の百姓はすばらしい！」と。フィールドじゃなくてガーデンだと。すばらしい野菜をつくってて。あこがれの世界だった。それがすごくかわった。

ニコル　でも最近、リエンジニアリング（再設計）が農村で起きつつあるんですね。農家と地域住民、みんなの協力で自然にかえしましょうと。ドジョウも田んぼで生息できるようにしたり、自分の田んぼとか畑も、コンクリートに囲まれるのではなく自然に近づけたり。そして、もっと土壌に配慮した農法をやりだしているんですね。そういう動きがすこしずつある。どうですか、そういう自然、良くなっていると思いますか？

ニコル　まあ、傷口があんまりたくさんだからね。

闘わない人、声をあげない人は嫌い

ニコル　ぼくが住んでいる黒姫でも、とんでもないゴミ捨て場が40あるよ。長野県だけで、わたしたちが調べただけで、おおきな不法投棄場は2000ある。産業廃棄物、医療廃棄物が、何百ものダンプ・トラックから捨てられてる。そこに沢から水が流れているんですが、その水が、吐き気がするほど臭い。

　その水が田んぼに流れていくんですよ。でも、田んぼのもち主が、「なにもいわないでほしい」と、このゴミを防ぐ闘いには参加しない。地元で参加してたのは、じいちゃんばあちゃんと若い主婦で、現役の男たち、田んぼのもち主は、ヤクザが怖いからか、自分の米が売れなくなるからか、まず闘おうとしない。ぼくはそんな武士道精神をもってない人は、嫌いですよ。闘いができない人は、嫌いです。

あん　闘いはなかなかむずかしいと思うんですよね。

ニコル　でも、じいちゃんばあちゃんたちができるんですよ。別に暴力のこと、いってないんです。

あん　でも、「失うもの失なってもいい」という、そこまで精神的にたどり着けない人は、闘いには参加できませんよ。わたしも黒姫に富夢想野塾《とむそうや》（309ページ注1参照）の塾生として6年間住みましたが、よく夜中のトラックに起こされたんですね。すごい音で来て、当時はじいちゃんばあちゃんも、怖くていえなかった。みんな、なにかが捨てられているのはわかってたんですけど。あそこは失敗に終わった開拓地ですね、はっきりいえば。だから彼らの声は、役場にもとどかないんですよ。みんな心配してるけど、声はなかなかあげられないんですよ。

ニコル　あげられるんですよ！　あげようとしないだけ。ぼくもヤクザに脅されて、殺してやるとかいわれたけど。

あん　空手七段もってるから。

ニコル　でも飛び道具には弱いですよ。酒飲んで、ぶらぶらして、うしろからやられたら、空手七段でも関係ないですよ（笑い）。

あん　でも、それは日本だけでしょうか？　たとえばカナダのグラシイ・ナロウズ（Grassy Narrows）のオジブワ（Ojibwa）族は水銀汚染を体験していて、そこに行くと、やっぱりもっと声をだせばいいのにと思うんですが。声をだしてもだれも聞かないと思いこんでしまえば、もう終わりですよね。

ニコル　でも日本ではその思いこみは必要ないですよ。言論の自由があるのだから。なんとかなると思う。実際に黒姫でなんとかなったんです。ほとんど、じいちゃんばあちゃんの力です。まあ、うるさいのがいて、少々助けになったでしょうね。自分の田んぼが汚されても、そこでつくったものを売るというのは、無責任だと思います。長野しか知らないけど、長野中あるんですよね、そういうケースが。よくない。

あん　どういうふうに解決すればいいんですか？　だってゴミ、捨てなければいけないんですよね。

ニコル　今の千葉県知事（堂本暁子さん）から聞いたんですが、11年まえ、警察の調査があったんです。

透明でないお金が、ゴミのために年4兆円ぐらい流れてる。今はもっとおおいでしょう。だからまずね、透明でないお金を透明にして、そのお金をただ埋めるのではなく、ちゃんとしたゴミ処理・処分に使えば、いい方向に行きますよ。ここ（対談場所であるホテル・ニューオータニ）も、生ゴミはちゃんと肥料にして、使っているでしょ。発泡スチロール、あれは完全に燃料にもどす技術がある。高い弁護士や馬鹿な政治家、役人に和売り賄賂《わいろ》とか透明でないお金が行くようなら、解決できない。

あん　あとは、市民の意識をかえなくてはいけないと思うんですね。マスコミからの情報発信とか、学校での教育とか、どういうのが、いいんでしょうか？

ニコル　ぼくは死ぬまでガミガミガミガミいう。

あん　しぶとい人ですねえ（笑い）。前世、どういう動物だったのか知りたい。

ニコル　クマ（笑い）。

ナイフもナタも使えない、料理も泳ぎもできない日本の18歳

あん　今、黒姫で自然レンジャー学校やっているけど、あそこでのニコルさんの教育は、意識改革の役割を果たしていますよね。だいたい6年ぐらい？

ニコル　8年。

あん　失礼しました。やはり、人間は本を読んでどんなに知識を得ても、消化率は非常に低いと思うんですね。実際、体を動かしての体験学習はとっても大切だと思うんですよ。

ニコル　そうですね。2年コース、ちゃんとした専門学校ですよ。卒業生は、林野庁、環境省、J

「ぼくは死ぬまでガミガミいう」

ICA、エコツーリズムとか、いろんなところで仕事している。1割ぐらいは、そういうような仕事。だいたい卒業生、今はみんな仕事があるんです。最初はなかったけど、今は環境が問題になっているので、なにかはある。生徒は1学年80～100人くらい。生徒の1割ぐらいは優秀ですね。

あん　おおいですね。わたしはいつも思うんですけど、100人にひとり、光をもっている学生がいれば、相当なもんですね。

ニコル　それはリーダーになる人。忠実な兵隊になる人でも、優秀だと思っています。でも、土台づくりが大変だから。カナダ、ニュージーランド、オーストラリアにくらべて、18歳でなにもできないもの。

あん　日本の子どもたち？

ニコル　ナイフも、ナタも使えない。ロープの結び方もできてない。料理もできない、手当てもできない。泳げない人がおおくなってきてる。それで、2年でいろいろとつめこもうとしていますからね。

あん　わたしはここ3年間、宮城大学の学生をカナダにつれて行って、先住民族であるオジブワ族のところでフィールド・ワークさせたり、森のなかにある、わたしの家族が

ニコル　つくったコテージで宿泊させたりするんですけど、やっぱり驚く場面がおおいですね。湖から水を汲まなければならないんですが、水は水道の蛇口をひねればでると思っているんですね。ニコルさんの名言に「水道の蛇口をひねれば山がでる」というのがある……。まず、水がどこから来ているのかというところから、スタートさせなければならない。わたしから見れば一般常識だけど、赤ん坊とかわらない。

あん　18歳というのは、遅すぎると思いませんか？

ニコル　ちょっと遅いけど、仕方がないね。ちいさいころからいろいろとやらされている子とか、ボーイスカウトとかにはいっていた子とかがいると助かります。

あん　文部省（当時）は最近、農業体験とか漁業体験とか、すこしずつやっていますけど、わたしは、義務教育にもっとそういった体験学習みたいな科目を積極的にいれればいいと思います。本当はね、科目の3分の1くらいは野外の体験学習にしてもいいと思うんですけど。あとは、家庭教育ですよね。全部を学校にまかせるんじゃなくて、家庭で環境教育を親の責任として、子どもに教えなければならない。

日本は明治・大正時代までもどろう

ニコル　最近、わたしは南会津の高校生520人に講演をしたんですが、途中で怒鳴ったんです。話を聞かない、携帯が鳴る。もーだらしがない！

あん　おもしろくなかったからですかね（笑い）。

ニコル　そうね（笑い）。もし、クマとかサケとか、国立公園での密猟者との戦いとか、そういうものに興味がないなら、おもしろくないだろうね。だから、「聞きたくないならここにいないででて行け。聞きたい人がいたら、その人たちだけに話すから、うるさいやつはみんなでて行け」といいました。先生方もみんなびっくりしてた。

高校生ではもう遅い。中学生だったら、怒鳴ればちょっと怖がる。高校生になったらもう生意気で、自分が強いと思っているんですよ。強くないのに。世界中あちこち行って、子どもに会っているけど、日本の高校生、サイテー。この10年のあいだにどんどん悪くなってきていますね。

あん　わたしは大人もいけないと思います。大人が怠けているんです。注意したりするのには、エネルギーが必要ですからね。あとは、「友だちになりたい」「学生に好かれたい、嫌われたくない」というところにもあると思います。

ニコル　ぼくは、時間がない。優秀な人としか時間をすごしたくないです。うちの学生が、ぼくが話しているときにしゃべったら、まえに引っ張って「いいたいことをいいなさい」というし、眠っていたらバケツで水かけちゃう。本当にぼくは怖いんです。でも、親から全然文句来ないよ。卒業生は、みんなぼくのことをオヤジと呼んで、会いに来る。昔のことばかりいって歳をとった証拠ですけど、以前は良かったよ。中学生・高校生は、だれかが遠くから来て講演したら、聞いてましたよ。小学生がいい。まだ、腐っていないから。

あん　わたしは、昔の日本が良かったとか、そういったことは、あまり聞きたくないんですよね。未来にむけて、光はあちこちあると思うんです。どの時代でも、ろくでもない若者もいるし、光っている若者もいる。ろくでもない老人もいるし、たくましくてすばらしい老人もいる。どの時代でもいると思います。そう思いませんか？

ニコル　ぼくは、日本は迷子になっていると思います。森のなかで迷子になったら、自分のたどりついた道をちょっとさがって行って、「あっ、ここからは大丈夫だ」と、そこからスタートすればいいと思うんですね。

あん　わたしが日本の農村になぜ行ったかというと、明治生まれの職人さんの目から、日本が20世紀に歩んだ道、見てみたいと思って。日本はどこにむかっているのか。わたしは、21世紀にはいるまえにもう1度過去を見たほうがいいのではないかと思って、過去の話をいろいろ聞かせてもらったんですけど。日本はどこまでもどればいいと思いますか？

ニコル　縄文！（笑い）

あん　しんどいよー（笑い）。弥生はダメ？　なぜ、縄文？

ニコル　明治、大正。技術は近代技術でいいですよ。たとえば、今カナダの西海岸では、伐採によって侵食が起こってダメになった川が何百もあります。その川を直して、森も復活させて、使っていない林道を元にもどして、正しい開発をしている。カナダ、すごいですよ。本当にいいことをやっている。日本でも大正時代までは、北海道から九州まで、大量にサケがあがっていた。イワナがいる川がいくつもあった。全部ダメにしているんですよ。ほとんど汚染とダムのせいです。じゃあ、ダムがあるから、サケがあがれないのか。そうでもないのよ。今だったら、サケ、イワナが住める川にできる技術があるんですよ。日本にはとくにあるんです。でも、やろうとしない。輸入すればいいと思っている。食べ物を6割も輸入して、大部分がゴミになる。どんな国がほしいの、と。ぼくが望んでいる日本は、川に魚がいて、森は健康でクマもいて。食べ物は2割くらいは輸入してもいいと思うんです。で、空気はきれいで、平和で、でもいざというときには自分の国を守れる国です。町のなかを子どもが、老人が心配しなくて歩ける。日本は大好きだから、いろいろ望みはある。

ぼくは吠えている犬　ぼくに文句をいっている人も吠えている犬

あん　よく日本で活動する外国人のなかには、上から日本を見おろしてて、日本を直したいとか、そういう使命感に燃えている人、いないことはないと思うんですね。たまにニックの活動とかを見る人には、ニックはイギリス式の環境保護を上から押しつけたり、それで日本をかえようとしているという意見をもっている人たち、いると思います。

ニコル　わたしは、国立公園の原生林を切ることは止めるべきだといっているんです。それから、干潟を全部埋め立てるのはアホだと思っている。意見をいっているだけ。その人たちはぼくになにもいえないのよ。だいたい、いなーかのカッペども。

あん　それは、悔しい？　それとも、もう無視する？

ニコル　面とむかったら、思いっきりケンカする。それだったらおたがいに理解がある。ぼくは、決して木を切っちゃいけないといったことはない。でも、原生林はのこすべきだといっているんですよ。絶対に林業は必要で、そのために木を切る必要はある。でも、今でも原生林のブナ切りだしているよ、日本政府は。とんでもない。日本の自然が破壊されるのを見てね、ときどきとても悲しい。しょうがないとわかったな。

あん　しょうがない？

ニコル　自分ができることをやるよ。ちいさな森、ちいさな交流。

あん　それは最初から？　それとも途中から、そういう方向に切りかえたんですか？

ニコル　いや、最初からぼくの思っていることは、日本人も思っていましたからね。地元のなかで、猟友会で、自然が大好きな人たくさんいるでしょう。信濃町でも、黒姫でも。ぼくの意見だけをいっていたんじゃないですよ。諫早湾だって、本当に闘って、過労で死んだ人もいますよ。その人とすごく仲が良かった。うるさいジジイだったけど。一所懸命、諫早湾を守ってた。エチオピアの北のほうでいってたことわざがある。「ラクダの大将が通るときに、犬が吠える」。

あん　もうちょっと、わたし頭が悪いから、説明してください（笑い）。

ニコル　ラクダが堂々と通る。犬がでてきて、ワンワンワンワン吠える。なんの影響もない。ぼくは吠えている犬かもしれません。ぼくに文句をいっている人も、吠えている犬かもしれません（笑い）。ぼくとおなじ意見をもっている日本人はおおいよ。ただ、西洋人がはっきりいうから、憎らしいと思っている人もいるのかな。

「日本人はわりと自然体。
宗教もさりげなく
日常生活のなかにはいっている」
——あん

「森が本当の姿になるのは
50年、100年先。
ぼくは見れないけど、楽しみ」――ニコル

日本の自然のすばらしさに触れ、日本人となって黒姫の森を守りながら環境教育をつづけるニコルさんと、農村・漁村を訪ねフィールド・ワークをつづけるあんさん。誤った農業（食糧）政策、公共事業を明治・大正までさかのぼって見直し、あらためてどんな国がほしいのか問い直すべきと訴えるおふたりのお話は、グローバル社会の異文化論、日本人の宗教観、食文化にまでおよびました。

在日西洋人が今まで歩まなかった道

あん　（外国人が）日本にいるのはやっぱり大変です。ニックはすごいと思う。ニックの年齢からすると、来日したころは英語教師だけやって、楽な生活をしようと思えばできたはずですよね。別に森にはいって、日本語を一所懸命覚えて、日本語で自分の書きたいことを書いたり、いいたいことをいったり、そんな苦労しなくても、悠々と生活ができたはずなのに。それをあえて選ばないで、在日外国人がだれも歩んでない道を自分でつくってきたこと、たぶん理解できる人たちはいないと思う。わたしが、こんなに早く自分の活動がいろいろできたのも、ニックがいたからだと思うんです。ニックが、わたしの世代のために道をつくってくれた。

ニコル　あんは、すばらしい研究してる。田舎の生活がどんどん消えていくなかで、ほかの人が絶対にできない、いい調査をやっていたから。でも、やめようと思ったら、いつでもやめられるでしょ。ぼくは逃げられませんからね、もう日本人だから（笑い）。ウェールズに行くときも、日本人として行ってますよ。

あん　わたしは、まだカナダ人ですね。日本人になれないという思いがあるんです。どんなにがんばってても、どんなに長く日本にいても。それは自分の問題だとわかるんですけど。どうして日本人になれましたか？

ニコル　いろんなちいさなことがあったね。たとえば、夏にアファンの森で、仕事をしてたんです。ちいさな池に土砂が溜まっていたから、その土砂をとってた。そしたら、着物姿のおじいさんが杖をついてはいってきたんですよ。すごく品のあるじいちゃんが来たなあと思って、話しかけたんです。で、彼はぼくが森の主だと全然わからなかった。コップをおいてあったから、暑い日だったし、わき水をおじいさんにあげたんですよ。「この水は検査してあるから、大丈夫ですよ」って。彼は飲んで、「ああ、冷たいおいしい水ですね」と。「ぼくもいつも飲んでいます」といって。それで彼が、「懐かしい風景だのう」といったんですよね。ぼくが手いれをしていた森を〝懐かしい風景〟と。体中に鳥肌が立ったんですね。

あん　で、その人は結局そのまま？

ニコル　地元の人じゃないですね。どっかから訪ねて来たんじゃないかな。そういうようなことが、いっぱい重なっているんですよね。ほかの日本人からみると、「あんた、やっぱり外人だ」

あん　といわれても、無理ない。でも、そういう日本人はまちがってる。この世紀で、ぼくのような人は結構増えるんじゃないかな。
　わたしもいつも思うんだけど、（日本人が）アメリカ人になっても、世界中からの移民国家ですからおかしくないんですけど、逆はみんなおかしく思うんです。本当のグローバル社会は、そこにたどりつくまで時間がかかる。国籍がないほうが本当のグローバル社会ですけど。自分もカナダに帰ると、「なんであの国にいるの？」みたいなことをよくいわれるんですよね。で、ヨーロッパやアメリカに行って、おなじような仕事をしていたら、それは別におかしくないんです。「日本？　アジア？　なぜ行くの？」と。

ニコル　ぼくは、あまり聞かれないですね。

あん　日本人になったから？

ニコル　ただ、入国のとき一番いじめられるのはカナダですね。「どうして日本人なんだ？」「なぜこのパスポートをもっている？」「なぜカナダに来るのか？」……。

あん　カナダ国籍を捨てたから、カナダ政府は傷ついてるんですよ（笑い）。

家はちいさくていい　森の復活にエネルギーをかける

あん　森を最初買ったときに、頭のなかでアファンの森のイメージを描いていたんですか？　それとも、いつのまにか立派なものになったんですか？

ニコル　最初何千坪か買ったとき、人から離れておおきな家をつくろうと思ったんですね。

あん　それは何年まえの話？

カナダ北極圏のバフィン島ちかくの無人島暮らしを楽しんでいるニコルさん

ニコル　18年まえ。ぼくのまわりにどんどんいろんな家ができて。でも、ウェールズのアファンに行ってみて、「ああ、ぼくはおおきな家はいらない、ぼくは森の復活にエネルギーをかける。だれがなんといったって最後にはわかる」と。自分の心をよく見て、なにがほしいのかと。おおきな家はいらない、ちいさな家でいいと思ったんですね。土地をちょっとずつ買いつづけて、本当にこの方向に行くか、と。当時50歳のころですが、日本国籍はないけど日本が大好きで、本当にチヤホヤされていたんですよ。

あん　良い意味で？

ニコル　チヤホヤされるということは、人間には良くないことです。それを信じるならね。あのときぼくは、３か月北極に帰って、イヌイットと最初暮らして、あとはひとりで無人島にいた。単純な、シャーマンみたいな暮らしをして、自分はなにがほしいか、なにが大事かと。すこし目覚めた。それを3年つづけてやったんです。ぼくはなにがほしいかはっきりわかっているよ。

あん　そのときから？

ニコル　だいたい子どものときから、こんな道だなあと。自分が有名になるとは思わなかった。「物書きになりたい」「探検家になりたい」「強い、いい人になりたい」と思ったね。

あん　「強い、いい人」って？

ニコル　弱いものを守ったり。ぼくは、日本にお世話になった。ほかの外人——used to be、今は内人ね——が書けないことを、ぼくは書きのこしたいですね。ぼくの作品のなかで、数冊だけでものこったらうれしい。それで、美しい森がのこったらうれしいです。ぼくは天国とか、悪いけどまったく信じていない。天国はこの世だと思うんです。それを地獄にかえるのは人間なの。死ぬときは死ぬ。でも、何十年もあたえられた人

生を良かったと思いたい。そのために、あまり人に悪いことをしてはいけないな。人だけじゃなくて、自分より弱いものにも。

銅像ではなく、すわり心地のいい墓を黒姫の森に

あん アファンの森が「あっ、これはなんとかなる」と思ったのは何年くらいまえですか？

ニコル そうですね、10年くらいまえですね。森はいい。森は汗と時間と愛情をかけたら応えてくれるから。ただ、個人的に複雑なものはいろいろありました。親戚は「土地は売るためにある」と。ぼくは「土地は守るためにある」と考えていたから。それを納得させるまでに時間がかかりましたね。でも今は、妻も娘も息子たちも、ちょっとは、ぼくの夢を認めてるんじゃないでしょうか。みんなその土地が売れたらかなり金もちになるから楽になると、ときどき冗談をいいますが（笑い）。

あん 黒姫の森、ウェールズの森、面積は？

ニコル ウェールズのアファンは3280ヘクタール。国が管理しています。でも第3セクター、

学校といろいろなところがかかわっています。こっちは4万5000坪（14・9ヘクタール）。多分、来年くらいに1万坪（3・3ヘクタール）買いたす。ぼくはそれでまったく金がなくなる（笑い）。

あん　結局、モノではなく森のために生きてきたわけですね。

ニコル　それと名誉、オーナーのためですね。

あん　森と名誉のために生きてきた。どうして？

ニコル　最後には自分は名誉しかほしくないんだな。あの森が本当の姿になるのは50年、100年先です。ぼくは見れません。でも楽しみにしている。それを想像するだけで楽しいです。ぼくはちょっと「ええかっこしい」のところがあるから、100年先に「あの森にあのニコルがいたんだ」とか、地元の人みんなに愛されて、みたいな……。

あん　銅像も建つかもしれませんね（笑い）。

ニコル　死んでからね（笑い）。

あん　どういう銅像がいいですか？

ニコル　いらないよ。でも墓は黒姫におきたいの。

あん　森のなかに？

ニコル　そう。その墓は天然の石を使って、かつすわり心地のいいものにするわけ。それで、「どうぞしばらくお休みになって、森の話を聞いてください、"Please rest a while, and listen to the woods"」と。それだけでいいです。

日常に溶けこんだ日本人の宗教観

あん　わたし、日本人はわりと自然体だと思います。そこが好きですね。このまえのお盆は、ある漁村ですごしたのです。みんなお寺に行ったり、そこで井戸端会議したり、途中でまた海で亡くなった漁師さんの話をしてたり。夜になるとちいさなモデル・ボートをつくってそれにロウソクをのせて、川へ流したり。

ニコル　それどこ？

あん　和歌山県だった。それを流して先祖の霊を慰めたりする。わざとらしさがまったくない。お寺もあるけど、それぞれの家には神棚もあって、漁師の夫が朝、漁にでて行ったときに、奥さんが神棚のまえでちょっと手を打ちあわせて拝んで、またやりかけの掃除にもどる、というような感じ。さりげなく日常生活のなかにはいっていて。そういう自然体の宗教の姿がわたしはすごく好きです。

ニコル　そう、ぼくも大好き。だから今、日本人になったから、ぼくの知りあいのイスラム人が、アラーはどーのこーのといっても、「そう、それは大変ですねぇ」とかいいます。若いときはケンカしましたね。今は「キリストのお母さんはバージンだった？　わあ、すごいな

あん　あ。どうやって？」みたいな（笑い）。ぼくはホントに宗教意識の部分で日本人になった。もともと素質があったから？

ニコル　そうですね。10歳のころから教会とケンカしてた。犬は魂がないから天国に行けないと、牧師がいって。ぼくは当時、自分の犬が死にかけてて、すごく悲しかったんです。「天国に行けないなら、ぼくも行きたくない。あんなつまんないところ。神さまは本当にいやなヤツだ」といったのです。それで殴られて（笑い）、天罰がくだるぞといわれた。それからぼくは教会に行って、〝Fuck you, God！〟と（笑い）。それで、全然天罰は来ないとわかった。神道では、人も犬も草も土にもどって、空気にもどる。少数民族、アイヌからイヌイットまでみんな思ってるでしょ？　死んだあと、この細胞がまた旅をするんです。

あん　死んだあと、細胞にはどんな旅をしてほしい？

ニコル　北極に行ったり、質の良いシングル・モルトになったり（笑い）。

あん　わたしはまだそんなにちゃんとは考えていませんが、でも人間にはなりたくない。人間はもういいから、植物か海の生物か、空飛ぶものか……。もし人間だとしたら、白人には生まれたくない。ちがう人種に。まだわからないな。天国はないと思うんです。地獄はあると思うけど。

食は異文化入門の第1歩

あん　昨年［2001（平成13）年］10月から、宮城県の松山町（現・大崎市＝以下同様）の町民なんですが、7320人ぐらいの町です。2年くらいまえから黒姫時代につづく2度目の田舎暮らしが

松山町のあんさん邸の門のわきで、日向ぼっこをする近所のお年よりたち

したいなあと、ぼやっと考えてたんです。たまたまそこには、4つの蔵がひとつになった有名なつくり酒屋で、無農薬の米で酒をつくっている「一ノ蔵」があった。

ニコル　無農薬の酒は新潟でもつくってるね。朝日酒造の「久保田」。そこで無農薬の米をつくってる。そのためにアイガモを使っている。でも、イネが成長するとカモを産業廃棄物にしていたんです。食べないで、殺して捨てる。会社も苦しんでたんですよ。

あん　もったいない。

ニコル　地元のいろんなところが「いや、金はかかるし面倒くさいし、中国から輸入したアイガモのほうが安いしね」といっていた。田んぼからあがったカモはまだ十分には肉がついていないんです。そこでぼくがエサ代をだして、2か月育てておおきくなってから300羽とって、ぼくとスタッフでさばいて。産業廃棄物どころか！　こんなにおいしいカモねぇぞ！　ほんとにおいしい。大部分はまだ冷凍庫にはいっていて、人に配ったりしています。焼き鳥にすると、最高においしい。砂肝もきれいにして薄くスライスして、醤油とショウガで食べるとおいしいよ。

会社が環境財団をつくっているのに、アイガモをそういうふうに処分するなんてとんでもない。朝日酒造は、「そうだ、そうだ」と、「お願いします」と。それを地元の人は捨てていたんです。あれは日本じゃないと思う。ぼくのほうが正しいと思いますね。本当は放したいんです。あれはもともとマガモだから飛ぶよ。何割かキツネとかにやられても仕方ない。いつもおいしいものをいただく、そのサイクルにはいる。

それから今年も黒姫では豚を4頭育ててる。名前はベーコン、ソーセージ、ハム、トンカツ（笑い）。完全に無農薬の飼料、われわれがつくった野菜を食べさせていました。アファンの森のキノコとかも。

あん　ニックの話聞くと、本当にぜいたくな人生を送ってきたと思う。異文化にはいっていって、いい人と出会えただけではなくて、いい「食」と出会えて。わたしは異文化入門の第1歩は「食」だと思うんです。ある文化に深くはいっていこうと思ったら、やはり「食」で深くはいっていかないと、ルーツまでいかないと思うんです。だから、すごいぜいたく。

醤油であらゆるものがうまくなる

ニコル　昨年、カナダのあるちいさな島に撮影で1日泊まったんです。船長とウニ採りや魚釣りをしました。ロック・フィッシュが14匹も釣れて、刺身にしましたが、魚のアタマはのこりました。西海岸には、長いホースのようなコンブがあって、上部に丸いウキがあって、そこから葉がでるんです。わたしたちが行ったころには1メートルほどの新葉がでていたので、まず、お湯を沸かしてコンブをしゃぶしゃぶにして、細かく切ってレモンと醤油でだしたんです。

　コンブのダシもとっておいて、それにのこったアタマと背骨をいれて煮て、それを全部だして、ジャガイモとかカブとか野菜をいれて煮こんで。最後に魚の身とマメをちょっといれて、昨日のご飯ののこりと醤油とショウガをすこし。そのフィッシュスープをだしたら、カナダ人も3回おかわりしました。おそらくアタマがはいってるといったら食べなかったでしょう。もちろん刺身もコンブもみんなガツガツ食べてましたよ。日本で覚えた料理法はどこへ行っても生かしています。

あん　日本の料理法は独特だと思いますか？

ニコル　ええ。まず、ダシというのがすごくいい。それからコンブを海藻として食べるのもいい。カナダではコンブは食べませんね。イヌイットは食べますけど。

あん　海藻は、畑の野菜の代用でしょうね。

ニコル　それから醤油。ショウガはあちこちで使っていますが、やはり「肉と醤油」はアジアじゃないかな。カナダのバフィン島（面積は日本の1・4倍、人口約9000人）にキッコーマン文化をつたえたのはぼくですから（笑い）。30年以上まえにキッコーマンの缶をもって行った。北極イワナやアザラシ、ベルーガ、トナカイの肉なども昔から生で食べている地域ですが、ぼくはもっていった醤油をつけて刺身で食べた。イヌイットも食べてみたら「うまい」と。それで、今ではキッコーマン・醤油がスーパーにおいてある。でもキッコーマンからはまったく、「ニコル先生、どうもありがとう」とかないね（笑い）。

あん　9000人しかいなかったからでしょう（笑い）。わたしはあまり料理は上手ではないけど、日本料理は好きです。昔から食べものが豊富だったから、醤油、塩、砂糖で簡単な味つけができるんですよね。豊富でないと、いろんなものを使って味を隠すための調理をしなければならないでしょう。

ニコル　新鮮なそのままのかたちでだす日本料理が大好きですね。雪国の野菜はとくにおいしいと思います。長い冬、雪の下で地面が休んでますから。でもわたしはもう年だから、暖かいところがいいや（笑い）。

あん　最後に、ニックにとっての原日本人、だれか紹介してもらえますか？

ニコル　すごく相性があってる、アイヌの萱野　茂さん。萱野さんには早く会いに行かなくちゃいけないんですよ。奥さんがぼくにアイヌの着物つくってくれててね。

［2002（平成14）年初冬　東京都内にて］

C・W・ニコル

1940（昭和15）年、英国サウスウェールズ生まれ。1980（昭和55）年より長野県の黒姫山麓に住み、1995（平成7）年に日本国籍を取得。私財を投じて黒姫の森を買い、それを守るために財団法人「C・W・ニコル・アファンの森財団」を設立。執筆、講演、環境教育を通じ、自然と人間の共生を訴えている。

あんさんの学生時代から、黒姫の自然のなかで交流のあるおふたりは、おたがいを知りつくしている……

萱野　茂さん

「狩猟民族は、足元の明るいうちに村へ帰る」

日本の農山漁村を歩きながら、原日本人探しをつづけるあん・まくどなるどさん。シリーズ2回目は、北海道平取町《びらとりちょう》・二風谷《にぶたに》にアイヌ文化の研究・伝承をつづける萱野　茂さんを訪ねました。

川も山もそのままのカナダは、北海道のつぎに好き

あん　わたしは、カナダのまんなかにあるマニトバ州の出身です。草原や湖、森のおおいところです。マニトバ州ととなりの州の境にオジブワ（Ojibwa）族という先住民族が、今［2002（平成14）年］は保護地区のなかに暮らしています。そこで有機水銀汚染の問題が起きていて、この4年間、年に3～4回帰るときに調査・取材をしているんですが、カナダ政府は、その地のファースト・ネーションのあいだで発症している病気を水俣病という病名では認めていません。水銀汚染による環境問題が生じていることは認めています。これは（おみやげに持参したちいさな布袋を手渡して）、そこでできている米、ワイルド・ライスといって、川に自然に生えているものです。

萱野　もらっていいですか？　ありがとう。うちの資料館に展示します。

あん　ありがとうございます。すこしだけ召しあがってみてください。ダムをつくったこととパルプ工場からの排水で、ここではワイルド・ライスの収穫ができなくなって、今は「おつまみ」程度しかできないんですよ。

萱野　わたしが北海道の二風谷《にぶたに》のつぎに好きなのはカナダ。なんで好きかというと、川も山もそのままにしている。川には護岸がないでしょ。バンクーバーからわずか15分くらい走ったところに、ビーバーのために木をのこしている場所がある。

あん　ありがとうございます。でも2番目で光栄です。1番目といわれたらこれからの時間、どうしようかと思って（笑い）。日本とカナダの川は、風景がずいぶんちがいますね。やはり日本はコンクリート王国。

「二風谷《にぶたに》アイヌ文化博物館の資料は、いつから？」——あん
「50年かけてゆっくり、ゆっくり」——萱野

萱野 それが悪いの。川を直線にして。このごろは川を元にもどそうとしているけど。日本の北海道開発庁（現・国土交通省北海道局）は「ぶっ壊し庁」。営林署［森林管理署。1999（平成11）年改変］は「山食い虫」。

アイヌはいろんな神さまをもっている

あん 去年［2001（平成13）年］、大阪の国立民族学博物館の石毛直道館長（現・名誉教授）にお会いして、民博で毎年、神送りの行事を行っていることを聞きました。これはどういう行事ですか？

萱野 アイヌはいろんな神さまをもっています。その神さまに年に1回、火の神さまを通して御神酒をあげて、「その杯は火の神さま、あなただけでなく、あなたの見える範囲内、覚えている神々にもおすそ分けをしてあげてください」——そういうふうに祈ります。24年間つづいた。今年［2002（平成14）年］やったら25年。

あん 北海道から神さまをもっていっても大丈夫ですか？

萱野 だから、「1年間寂しかったでしょ。今年も御神酒をあげにきましたよ」と。

50年かけてひとりで集めたアイヌの生活用具

あん この近くにある平取町二風谷《びらとりちょうにぶたに》アイヌ文化博物館の資料は、いつから集めているんですか？

萱野 昭和27（1952）年の暮れから。50年になりました。

あん どうして集めはじめたのですか？

平取町《びらとりちょう》二風谷《にぶたに》アイヌ文化博物館の展示物

萱野 家にあったものをもっていかれたので、それがきっかけ。こりゃ大変だと。博物館には、国の有形民俗文化財の指定をうけた、北海道二風谷《にぶたに》アイヌと周辺地域の生活用具コレクション1121点のうち、919点があります。のこり202点は資料館に展示してある。

あん それだけ集められたのはすごいですね。

萱野 50年かけてゆっくり、ゆっくり。男のものはおれがつくる。女のものは家内がつくる。そうやってきた。今、頼まれて、かあちゃん、ゴザ織りをやっているの（写真左）。

あん 生きている博物館ですね。アンティークではないですね。わたしが訪ねているオジブワ族の

萱野さんの奥さんは、もくもくとゴザ織りを……

そういうものは全部なくなりました。博物館にあるものは全部アンティーク。何十年まえにだれかがつくったか、使っていた遺品。

萱野 50年かかって、だれがつくって使って、どうやっておれの手にはいったか全部記録できた。

あん すごいですね。萱野さんひとりで?

萱野 そう、おれひとりだけ。

あん わたしは大学で東洋学を専門にしていたんですが、1年生のときに人類学の授業があって、博物館のなかで毎週講義がありました。生きている講義でした。こちらの博物館、資料館を見て、こういうところで大学の講義を受けるといいなと思ったりしました。なかなかすばらしいものですね。ひとりで資料館、博物館のものをこんなに集めるなんて、圧倒されます。萱野さんの1日は、ふつうの人の3日分か1週間分がはいっているみたい。

萱野 今日はみなさんが来たから早く起きたけど、いつもは10時に起きる。12時まで新聞を読むの。12時に朝ご飯食べて、4時ごろに昼ご飯食べる。それから2時間か3時間寝るの。それから原稿を書きはじめる。うんと働くの。

あん 自分にきびしいですね。

萱野 きびしいですよ。夜のお客は、午後5時すぎたら電話もダメ。夜、なんぼうまいもの食わすから来てくださいといわれても、「やだ」と(笑い)。

天から役割なしに降ろされたものはない

あん サケの皮でつくった着物やそのとなりにあったガマ草の茎でつくったかばんなどを見ていると、アイヌは生活の知恵が豊富な民族ですね。

萱野　だってほかに手にはいる道具、材料がないから。手にはいるものだけで暮らしていた。このごろはちがうけど。

あん　資料館で見た亀の頭「エチンケサパ」、ヘビの「イノカカムイ」など、動物の神さまがおおいですね。自然とともに生きている証拠だと思うのですが、自然とともに生きてきた、動物から学んだ知恵というのはアイヌの人にとってはなんでしょうか？

萱野　あのね、リスが来年食うために木の実をもっていって穴掘って埋めるでしょ。それを忘れるの。リスは種まきの役目。

あん　どこにまいたのか覚えていない？

萱野　かなり覚えているけど、すこしは忘れてくれる。それが種まき。ネズミが木をかじるでしょ。木が密集しないように、間伐の役目。木が枯れると虫がつくでしょ。そうするとその虫をついばんで小鳥が子育てをするの。だからこれも役目があること。

アイヌ語で「カントオロワ　ヤクサクノ　アランケペ　シネプカイサム」という。「天から役目なしに降ろされたものはひとつもない」と。害鳥・益鳥、害虫・益虫とかいうでしょ。アイヌにとっては、みんな仕事をもって神さまが創ってくれたもの。

食べ物も自然からもらっている。山へ行ってシカを獲るでしょ。みなしょってこない。かならず内臓の一部を、キツネの分は雪の上に、カラスの分は木の枝にくるくると巻いておく。

今から70年も昔のことになるけど、父親とアキアジ(サケ)を捕りにいった。スジコがはいっていないとアキアジの皮に傷をいれて、明るいところとヤブのなかにおいてきた。キツネの分とカラスの分。サケに傷をいれた意味、70年間まったく気がつかなかった。アキアジ専門の研究者に、どうしてカラスはアキアジの目玉しか食わないんだと聞いたら、「アキア

渦巻きの模様（モレウ）が美しいカパリミプ

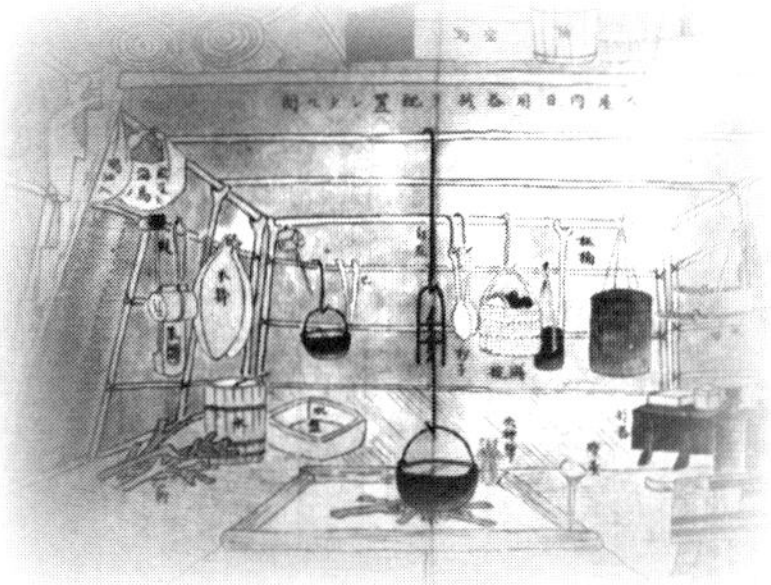

イヨマンテ（熊の霊送り儀礼）の際、祭壇に立てられた熊の頭骨⬅

ジの皮はかたいから、カラスのくちばしでは破れない」と。
　それでおれは、はっと気づいた。70年も昔に父親が刃物をいれたのは、カラスがくちばしで食いやすくするためだった。アイヌはカラスにも感謝する。日本人はカラスをいい鳥あつかいしない。

あん　迷惑な鳥で、怖い。

萱野　アイヌはむこうにカラスが旋回していたら、その下にシカかクマか、動くのがいるとわかる。それを見てシカかクマを獲る。

あん　信号みたいなものですね。

萱野　おれは山へ行くとかならず上を見る。カラスが声をだして、偵察にくるの。生き物はみんな友だち。

あん　わたしは西洋文化で生まれ育った。「人間は上にあり、動物が下にいて、自然は科学技術によって支配、操れる」というのが、西欧社会の世界観であり哲学でした。わたしは、そうは思っていないけど。アイヌに

萱野　とって、自然や動物に対する目の高さは平等ですか？

たとえばおれが病気したら、病気を治す神さまをつくって、さっぱり治らなかったら「なんておまえ力ないんだ。だったら飛行機代もださないぞ」と、神の国に帰すの。そして（神さまを）つくりかえて病気がよくなったら「おまえは力があった」と、大阪までの飛行機のチケットを渡すの（笑い）。たくさんお土産をもたして、神の国にお帰りなさいと。神の国でもう一段高い位の神さまになりなさいと。

頭のなかにある言葉だけで辞典1冊できた

あん　最初に話しましたように狩猟民族のオジブワ族の暮らしているところで、水位があがって住めなくなり、国の政策によって彼らは町というか、新しいコミュニティーに移住させられました。道ができ、白人社会、文明社会との交流がはじまっています。

魚を捕っていた彼らの伝統的な生活は水の汚染によってできなくなり、米を獲っていた生活もできなくなる。そうすると、お金で食べ物を買わなければ生きていけないという生活になる。もう昔の生活が完全に切れてしまって、伝承もできなくなってしまっている。

アイヌの場合は、博物館で見せていただいたように、若者になんらかの形で伝承しようとしている姿が見えた。動物とともにすべてがつながっているという考え方は、今もアイヌのなかでそのまま生きているんですか？

萱野　そのままではありません。だいたい、言葉が奪われたでしょ。明治25（1892）年、今から110年まえに、二風谷《にぶたに》に小学校ができました。わたしの場合は、小学校は日本語で勉強、うちに帰るとおばあちゃんがアイヌ語で話す。「エオンネチキ　ワッカ　エチクレナ ワッカ エンクレ」、「孫よ、おまえが年をとったらわたしが水を飲ませるから、今わたしに水を飲ませろ」というわけ。おれは「あれ、おれが年をとったらばあちゃんが水を飲ませるって、ばあちゃんそれまで生きているのか？」、くるくると頭のなかで考えながら（笑い）。

あん　わたしも頭のなかで考えたんです。すごく長生きしそうな……？

萱野　そうやって、水をくんで来ると、すごく喜んで飲んでくれる。昔はわき水だから、暑い夏には「こりゃあ、おいしい水だ」って喜ぶの。そうやっておれはアイヌ語を覚えてたの。ここにある本（背中の本棚を指差して）はおれが書いた本ばかり。アイヌ語辞典は1万4700語はいっているけど、参考文献まったくなし。頭のなかにある言葉だけで1冊の本になった。

アイヌの世界観を守るためのアイヌ語教室

あん　さっきの、言葉を失ったという話ですが。

萱野　小学校では「サイタ、サイタ、サクラガサイタ。コイコイシロコイ」という昔の教科書。おれは大正15（1926）年生まれだから、こういう時代の教科書で日本語を覚える。うちへ帰るとおばあちゃんがアイヌ語でしゃべってくれるから、アイヌ語だけはまちがいなく1回だけですぐに覚える。「アラパ　ワッカ　コロ　ワ　エク（行って、水をとってきなさい）」と、5つの単語を組みあわせてつくるから簡単なの。

あん　文明がはいってきて元の言葉を失っていく。わたしから見れば、言葉を失うことは、文化や生活のベースを失うことでもある。言葉が生活観、世界観までつくってしまう。

萱野　カナダの話にもどるんですけど、オジブワ語というのは、川の流れの音に聞こえたり、そこに住んでいる鳥の声に聞こえたり、自然環境の影響を受けながらつくりあげられた言語のように、わたしの耳には聞こえます。アイヌ語もだんだん衰退していくと、自然に対する考え方や自然観、世界観も同時に衰退していくんですか？

萱野　もちろんそうです。そうなってはいけないと思ってアイヌ語教室を開いたのも、わたしがはじめて。今から19年まえに、最初は子どもだけで。「来年はカナダにつれて行くぞ。おまえたち、一所懸命勉強せい」といったら、一所懸命勉強するの。

あん　先住民の住んでいるところに行って交流して？

萱野　そう、ホームステイして。むこうからも来たり、おれが行ったり。

あん　そこで共感をもったりしましたか？

萱野　しましたよ。うちの次男がおれの助手で、博物館の学芸員をやっているの。「ぼくは弁護士になります」と東京に行って、学校にはいって、司法試験2回落ちた。「弁護士はたくさんいるけど、アイヌ語をやる人はこれからすくないから、帰ってこい」と。そこでカナダに1度つれて行った。むこうに行ったらみんなちいさい子からおじいちゃん、おばあちゃんまで、自分の文化を守ろうとしていたでしょ。それを見て「ぼく、帰ります」と。14〜15年まえになります。だからね、説得するよりも見せなきゃダメだと。それによっていろいろな仕事がはかどった。

アイヌの信仰と医療

萱野　先ほどの自然とのかかわりですが、ヘビの姿があったでしょ。あれは病気したときなどに使う。これはおれの体験なんだけど、昭和16〜19（1941〜1944）年、ここから15キロメートルくらい離れたところで炭焼きやっていたの。うちの父親が帰るときに、途中の炭窯のそばにムシロがころんとある。めくってみたらヘビが20匹くらい殺されていた。父親は尻もちつくくらい驚いて、うちに帰ってきた。そうしたらまもなくおれの弟、「目が痛いよ、痛いよ」と転がって泣いて苦しむわけ。そうしたら母親がとなりの町から呪術に長けたおばあさん、ドスクル（トゥスクル＝呪術者）というんだけど、呼んできた。そしたら、「おまえに殺されたヘビだ。今日はついてきて子どもにとりついた。さあどうする」とドスクルの口から突然神おろし（神のご託宣）がはじまった。

父親たちが、あのヘビの姿をつくって、「人ちがいだぞ」と、ヘビの好きな卵などを供えて祭壇でおはらいしたら、拭うように目の痛みがぱっと止まった。これはおれの本に書いてある。ヘビの姿はそういうときにつくるものなの。

あん 現代の、とくに西洋の科学は神話みたいなものを否定してきました。そのような生活のなかにあった医療・治療を現代の医学にミックスすることは可能でしょうか？

萱野 いやあ、ミックスできないでしょ。おれは癌をしょってる。大腸癌2回切っているし、胆管にも癌ができて、全身麻酔の手術を4回している。もし今様のお医者さんがいなければ、とっくに終わっている。でも、まだしぶとく生きている。

あん じゃあ、どっちがいいんでしょう？

萱野 どっちがいいって、その時代時代だから。今ではドスクルのような人もすくなくなった。だけれどそういうことがあった経験、おれは見て知っている。

あん そういうまえの時代にあったことは、記録にとどめておくしかないのでしょうか？ 未来にむけてその知恵の一部を生かすのは不可能でしょうか？

萱野さん自宅の書斎で真剣にアイヌ問題を語りあうおふたり

萱野　そうですね。精神的なものもある。たとえば、お葬式のこと。わたしの父親が亡くなったのが昭和31（1956）年。そのときはアイヌふうのお葬式なの。で、母親が亡くなった昭和45（1970）年、日本ふうのお葬式なの。アイヌふうのは、お正月とお盆においしいものがあったら、囲炉裏《いろり》のそばにもっていって、「神の国に行っているわたしの父にとどけてください」と。これが供養。ところが日本ふうのは、春・秋の彼岸、年に4回ぐらいはお布施で1万円ずつかかります。それがもう10年で40万、30年で120万。アイヌふうだったら、なんのお金も必要ありません。「これを神の国にとどけてください」とだけ。こういうのは復活したら安くつくんでないべか（笑い）。それでこれがおれのお葬式の論文。近いうちに本になる。お葬式の言葉も含めて。

鼻の穴と明日があるから、人間生きている

あん　お父さんのお葬式がアイヌふうで、お母さんのは完全に日本化されてしまったということですが、アイヌの文化の断絶というか、どのあたりからのことなんですか？

萱野　平成4（1992）年に、わたしの先輩のアイヌが癌で死ぬとき

に、「おれが死んだら坊さんとか神主呼ぶな。萱野 茂に引導渡してもらえ」といって死んだの。これは大変だと思って、おれは引導渡しの言葉を送った。化けてでてこないところをみると、アイヌふうでも大丈夫だなと（笑い）。今ふうの日本式のお葬式は、全部商品化されている。

あん 日本だけではないけれど、今の商品化してしまった社会は、どういう方向に行っていると？

萱野 アイヌプリ（アイヌのやり方）であればなにもいらない。おれは平取町《びらとりちょう》の名誉町民になっていて、死んだら平取町《びらとりちょう》役場が全部お金をだして葬式してくれるかもしれないけど、どうだかわかんない。鼻の穴と明日があるから、人間生きている。それでいい。

あん なに？ どういう意味ですか？

萱野 鼻の穴があるから呼吸しているでしょ。明日があるから希望があるでしょ（笑い）。

「アイヌは自分の食べ物は自分で用意する」——萱野

アイヌの文化や言葉を次世代にのこそうととりくむ萱野 茂さんと、日本の農漁村でフィールド・ワークをつづけるあんさん。アイヌの伝統的な生活に根づく自然との共生の思想に話が進みました。

狩猟民族アイヌの自然とのつきあい方

あん 外国人のわたしが一般の日本人によくいわれるのは、今の環境破壊は狩猟民族の発想だということです。捕って、殺して、やりたい放題だと。日本人は農耕民族で、集団で自然とともに暮らしている、と。

萱野　ご自分のことを狩猟民族といわれましたが、狩猟民族は自然と共生できるんですか？

できる。たとえばアイヌの村はアキアジ（サケ）の遡上するところまでしかない。沙流《さる》川でも新冠《にいかっぷ》川でも、ここまではアキアジが来るよという場所までしかアイヌはいない。それより奥には行かない。

だからアキアジのこと、アイヌ語では「シエペ」といいます。シは「本当に」、エは「食べる」、ぺは「もの」。現在、北海道で1年間に捕れるアキアジは５０００万匹から５３００万匹前後。このうちアイヌが捕れるのは25匹。登別アイヌ５匹、札幌アイヌ20匹。それだけ。あとは1匹捕っても、手錠をかけてつれていかれる。

あん　アイヌには漁業権はないんですか？

萱野　ある日突然、日本人が一方的に「おまえたち、今日からアキアジ捕るなよ」と奪ったの。親父が目のまえでつれていかれたこともある。

アイヌのアキアジとのつきあいの仕方は、８月から10月半ばまでは、その日食べる分だけ捕る。10月後半から11月には、産卵の終わったのをたくさん捕って開いて干す。

もしスジコもシラコもはいっている魚だったら、干してもハエはたかるし、へんな色になって食えないの、うまくないの。だけれど産卵終わったものであれば、スルメのようになって5年でも10年でももつ。

だからアイヌの方法でやっていた場合、魚は減らないの。そうやって、自然の摂理に従ってアイヌは魚を捕っていた。それが今、日本人は川の入り口に網かけて捕って、増やした、増やしたといっている。

上流で腹をすかせて待っているキツネにカラスに、フクロウにクマに、アイヌに食料を送ってくれとおれはいいつづけ、書きつづけている。

あん　川そのものがクマに食料を供給する命の道。それを全部止めるから、山のほうにいるクマたちはこまっちゃうでしょ。「川は魚の通り道であり、クマに食料を供給する命の道」これをおおきい声で子どもたちに教えたいの。

あん　川が人の手によってどういうふうに変身させられてきたのですか？

萱野　必要もないところにダムをつくった。そして砂防ダムといって、あちこちでコンクリの滝をつくっちゃった。もう上流で腹をすかせているクマの目のまえまでアキアジは行かないからクマは怒っているの。150人。カナダでは50年昔には山のなかで年間50件のクマによる人身事故があった。それを防ぐために生ゴミのもち帰り運動をしたので、今では年間1件なの。あんたの国、カナダ。

そうです。クマの問題は人間のマナーの悪さから起きているという認識がカナダにある。人間がきちんと自己管理しなければクマがでてきたり争ったりする。人間がつくった問題。

カナダの川をほめてもらってうれしかったんですけど、川にコンクリートがあるという発想は自分の世界観になかったんです、日本に来るまでは。日本の技術はすごい。エンジニアたちは彼らなりに、たとえば日本は急流ですから土砂崩れを防ぐためや洪水にそなえて、そういう技術も開発してきた。ただし、そこまでする必要があったんですか？

萱野　ない、ない。業者に仕事をつくってやるため。ダムや砂防ダムを、本当に必要のないところにつくっている。ひどいもんだ。

あん　アイヌの食文化は、アワやヒエなどの雑穀が中心で、白い米とはちがうものです。わたしが日本に来てはじめてとりくんだ農村研究は、長野県・黒姫がフィールドでした。作家のＣ・

W・ニコルさんのとなりだった。ヒエ、アワ、キビを栽培する集落で、そのイメージは貧しい人たちの食文化というものだった。でも今はずいぶん見直されて、健康食品として評価されたり、やせた土でも育つから農薬とか化学肥料をたくさん使わなくてもよく、水もすくなくていい。自然にやさしい作物とされている。

萱野

アイヌのもっている食文化の知恵が21世紀の食料問題のヒントになると思いますが、どうでしょうか？アイヌは自分の食べ物は自分で用意する。これは大切なこと。アイヌの食糧はヒエ、アワ、イナキビ。米はシアマムといいます。「本当の穀物」という意味。それから肉、魚、山菜、ウバユリ。山菜のなかでは、この辺ではプクサキナ（フクベラ）、となりの町ではオハウキナと呼ぶもの。

主食のサケをシエペ、熊の肉のことはカムイハル。ふつうの肉のことをカムという。シカの肉はたくさん捕れるからお祭りをしないの。狩猟民族は肉と魚しか食べなかったのかと思っていたけど、おお昔のヒエ粒、アワ粒の炭化したものを調べたら、今のヒ

エやアワとおなじものだった。相当古い時代からヒエやアワをつくっていたことがわかった。

あん　本当に持続的な食糧ですよね。

生活に根づく自然を大切にする思想

あん　少数民族が今の世のなかに貢献できるものはなんで

冬の二風谷《にぶだに》を散策するあんさん

しょうか？

萱野　自然を大事にする仕方は学ぶべきもの。おれは木の名前、草の名前をアイヌ語で子どもたちに教えながら、無駄に木を踏んだり草をぬいたりしないようにしてる。

あん　水はどうですか？

萱野　今から20年以上もまえのことだけど、日高の厚賀町でひとりのおばあさんが病気になって病院に入院することになりました。トイレに行ったら水洗。それを見ておばあちゃん、「これなんだ？」「これ便所だ」と。そしたら「水の神さまの頭からおしっこかけたりウンチかけたりするなら、おれ長生きしなくてもいいから帰ります」と。もう入院やめてうちへ帰っちゃった。そういうふうにアイヌというのは水をすごく大事にした。ところが今は、この村でも160戸ほど水洗になっているはず。そういうことをいっていては生きられないから、ごめんなさいと思いながら水洗を使っているけど、そういうおばあちゃんもいたんです。

　おれが子どものころのことだけど、かわやに行くでしょ。小学校にはいるまえのことだから、川にむかってオシッコすると、じょーっと音がしておもしろいでしょ。それを見た年上の者は、「どこへオシッコした。今ここでオシッコしたら下で泳いでいる人の口にはいるんだぞ。このやろう」と、でっかいげんこつでバンバンと殴られた。ところが越中衆といってアイヌの流送人夫はかならず陸にあがって、川を背にしてオシッコしたの。ところが本州から来た者たちは、わざわざ川にむかってオシッコするの。おなじ若者の流送人夫でもちがうの。アイヌは、それは自然を大事にする。神さまだと。

　水の神さまというのは位があって、お祈りの仕方があって、飲み水だったら「ワッカウシカムイ」。それから川の流れであれば「チュウラッペマッ」と。川の神さまは女神で、「わたしは今、水の神さまにこれを贈ります。直接お贈りするのは恐れおおいのでマルガニの神さまを仲介に立てて杯をささげます。本当の大神にとどけてください」とお祈りします。

あん 水の神さまはどういう役割を果たしているんですか？

萱野 「ワッカウシカムイ　チュウラッペマッ　ヌプルサントペ　アエイレス」「お乳を飲ませるのとおなじようにわたしたちはあなたのお乳を飲みます。あなたのお乳を吸わせていただきます」。女の神さまは、「ヌプルサントペ」っていうの。霊力のある乳液という意味。

増えすぎた人間

あん 10年後、20年後の世界を考えると、人口が増えていく、水不足が悪化していく。食料生産は水がなければできない。ここである程度方向転換が必要だと思うんですけど、そのなかでやせた土でも水がすくなくても作物がつくれる技術といえば、本来アイヌがもっていたものですね。

萱野 人間死ぬのいやだもの。木の根でも草の根でも掘って食べながら、自分で自分の食料はどうにかする。山へ行って獣を獲るなり、川で魚を捕るなりしたけど地球に、人間が増えすぎた。神さまは人間もつくったけど、こんな増えろとはいわなかった。死ぬために盲腸もつくった、風邪引きもつくった。何千の病気もつくったのに、現代医学で克服した。人間が増えて、カナダとアメリカ、日本の国民のような生活をするなら、この地球はふたつ半必要なの。カナダとアメリカと日本、一番ぜいたく。

原子力発電所できたのは、人間が増えすぎたから、神さまが怒って「おまえたちあまりにも横着だから」と自滅するようにつくらせたの。これは自業自得。自分で天にむかってつばを吐きつづけて顔にもどってくるの。いずれかなりの人間が原子力に汚染されて死ぬ時期がくると思う。おれの予言があたらないことを念じているが、その実例は今から15年まえにスウェーデンで目の当たりにしたの。そのわずか2か月まえにチェルノブイリで原発が爆発してここも汚染されましたと。サーミ族のみなさんは、じつは2か月まえまではトナカイをつかまえてきては、肉は加工して自分たちで食べる。皮は加工して観光みやげにして売っていました、と。見たとおり色も形もかわっていないけど、事故で山が汚染され、コケが汚染された。そのコケを食べたトナカイが汚染され、肉を食べるのをやめましたと。そして13年たった一昨年の12月に、マライネンさんというお世話してくれた人に「山きれいになりましたか？」とたずねたら、「10年で山はきれいになりません。百年、千年しないとあの山はきれいになりません。だからぼくらこまっています」。20年も30年もまえからこういうことはいいつづけている。原子力には「オコッコアペ（魔物の火）」と名前をつけている。

あん　このような、世のなかの流れにはブレーキはかけられないと思いますか？

萱野　かけられないですよ。天につばを吐きつづけている、今の日本のみんなが。それに反対するのは政治家のはず。政治家つくるのは国民、国民の投票意識。それを直さないかぎり直りません。

あん　政治家の経験があるからよりいえることですよね。どうして政治家に？

萱野　社会党が「萱野さん、あんたならなれる」というから「おう、そうか」といっただけ。それで落ちたでしょ。町会議員17年やって束縛受けてきた、今度はこれでなんと幸せかと思っていたら、2年して「おまえちょっとこい」と繰りあげ当選。アイヌ新法もつくったし、目ののまえのダムの裁判もやったし。

あん　いやあ、万華鏡のような人生をおくってきたんですね（笑い）。
先ほどのサーミ族の話もそうですが、自分もカナダのグラシイ・ナロウズに行って感じたのは、環境破壊の第1の被害者は、その原因をつくった人たちから離れていることがおおい。弱者の声をうまくとどけて、新しい政策にするにはなにが必要だと思いますか？

萱野　国民ひとりひとりの民族意識。平和を長く存続させるかさせないか。投票するときの、投票の仕方。お金をもらって投票するんでなくて、本当に自分の意思で投票する。今の自民党は、お金をばらまいて当選していく。そのお金に買収される国民がいるかぎりよくならん。目覚めないですよ。

あん　いつかごつんと壁にあたり、行きづまりまで行かなければ変化がないということかしら？

萱野　そうそう。おれ、国会議員を4年やったけど、あんなに大事にされることない。帰りたくないよ。「先生、先生」と大事にされすぎるからその気になる。やめづらい場所でしょ。

あん　よくそこを引きあげたんですね。

萱野　千歳空港で新聞記者に「国会議員やめるんだって？　どうしてですか？」と聞かれて、「おれもう72歳だべ。あともし6年やって78か。そしてからうちに帰ったら、うちのかあちゃんに『あんた、だれだったけ？』と。そんなことになってはダメだし、狩猟民族というのは足元明るいうちに村へ帰るんだ」となに気なくいった。つぎの日から新聞、テレビに「足元明るいうちに」と。国会に行ったら「萱野さん、あんたの言葉いい言葉だったね。あの人にも聞かせてあげたいな」なんて、大笑い。

「北海道は基本的にアイヌに返すべきですよね」――あん

カナダなど外国の先住民族との交流も広がり、いい方向へのアイヌ民族・文化の目覚めがはじまったと語る萱野さん。北海道の森はいつかアイヌに返ってくるのか、おたがい異なる文化をどう尊重していくべきか――。話はさらに広がっていきます。

次世代への期待

あん　カナダでは最近、いいことだと思うのですが、先住民の学校で自分たちの言語をもっと積極的に教えようとしています。北海道では、たとえば1日1時間でもアイヌのことが授業にとりいれられていますか？

萱野　まったくなし。だけど、おれがアイヌのことをやって50年でしょ。それで7～8年まえからうちの町の二風谷《にぶたに》小学校でも「ハララキ・タイム」（ハララキ：アイヌの古式舞踊の一種。ツルの舞）という呼び名で、アイヌのいろんなことをやるようになりました。町内でもあちこちようやく動きはじめた。

あん　カナダの先住民族、オジブワ族はダムのために移住させられたり、水銀汚染問題が起きて生活がかわった。失業保険で食べなくてはいけなくなるし、暗い時期がありました。
　しかし今、若い人たちがでてきています。彼らに会って大変感銘を受けたんです。そのひとり、21歳のクリスティ・スウェインという環境運動家がいうには、先住民族の環境会議ではまず、水の神さまにお礼をいい、祈ってから会議をはじめる。スピリチュアルからはいると。西洋人の会議では科学的、アタマの議論ばかりで、スピリチュアルなことがはいっていないのが寂しいと、先住民族の会議を好んでいます。アイヌの若者のなかで、クリスティのような若者がでてきているんでしょうか?

萱野 ぼつぼつでてきているよ。

あん 彼らの活動を見ていてどう思いますか?

萱野 これからだべな。おれもやっぱりもの集めと録音からはじまって、そしてものをつくって。50になってからですよ、本を書くようになったのは。それまでは資料集め。お金あったら録音に歩く。おれは自分で一所懸命、山子《やまご》やったり人夫やったり彫り物やったり。それで稼いだお金をもっておばあちゃんのところに行って録音した。

あん 本当に、足で書きなさいという思想そのものですね。

萱野 新しい法律(アイヌ新法)ができたことによって国が年間7億5000万円ほどだすようになっ

たから、みな外国旅行できるようになったでしょ。外国に行ってみると先住民族のことわかるでしょ。そういう意味でいくらかいい方向に目覚めがはじまった。だから期待している。おれ自身もアイヌから遠ざかった経験あるから、アイヌ嫌いのアイヌのこと、よくわかる。もう50年も昔に歩いた道。

おれは、博物館にある丸木舟でもなんでも自分でつくった。講演に歩けば、くれるところは50万円くれる。読んでよし、書いてよし、しゃべってよし、つくってよしでしょ。おれについてこいと、今でもカラ元気だけはいいの。

あん そのエネルギーのもとはどこから来ているんですか？

萱野 よく眠っている。

あん なるほど、クマのように（笑い）。

人らしい人、アイヌ

あん ある和人によれば、今、アイヌという言葉は差別用語だと。本当ですか？

萱野 そういう時期ありました。というのは、おれが山子《やまご》をしていたときには、アイヌという言葉は悪口に聞こえた。というのはね、日本人が最初に北海道に渡ってきたとき、アイヌのほうがおおいから冬ごしの仕方などいろいろと教えられていた。しかし、生活の様子ちがうでしょ。あとから日本人がやってきて、北海道はいいところだとばかりに、兄貴も、弟も来る。そうやっているうちに、泣く子どもがいると「アイヌが来たぞ」「アイヌにやるぞ」と、悪口になってきた。それでアイヌという言葉はなるべくいいたくないし、いわれたくない時期がありました。しかしもともとアイヌっちゅう言葉は、アイヌの村のなかでおこないのいいアイヌにだけ「アイヌ」というの。さらに「アイヌネノアンアイヌ」とふたつ、3つ重ねていうこともある。「人らしい人」という意味。母親の教えは「アイヌネノアンアイヌ、エネプネナー」。「人らしい人」「人間らしい人」「おまえ、人らしい人になるんだぞ。人のもの勝手にとってはいけませんよ。人に迷惑をかけてはいけませんよ」というのがアイヌの村の教え。ところが、健康な体をもちながら働きもしないアイヌには「ウェンペ」、悪いやつという別のいい方がある。

それをある時期、悪口にすりかえられた。日本人はかつてアイヌを差別して、今も差別しているから、そういう言葉をおおきい声でいえないんでしょ。

あん　彼らの気もちの問題ね。

萱野　おれは「アイヌだ」とハナからアイヌを表にだしておくから、だいぶこのごろよくなってきた。この村にはとくにアイヌの戸数がおおいから、子どものころいじめられたことも、差別受けたこともない。この村のアイヌは相手の目を見てしゃべるだけなの。きちっとした姿勢をもっている。うーんとちがいます、ここのアイヌとよそのアイヌ。よそではいじめられてすくんでいる。そこへ萱野　茂っちゅうやつがでてきて、50年もかけていろいろなことをやったでしょう。よそのアイヌもすこしは元気がでてきている。

あん　プライドをもたせられると、人間はまったくちがってくると思います。

萱野　すこしいい方向になってきた。

おれが国会に行って、北海道旧土人保護法を廃止してアイヌ新法をつくった。それが平成9(1997)年7月。香港がイギリスから中国へ返還される日だった。そのとき、朝日新聞は1~4面まで香港返還の特集で、アイヌ新法制定は親指と人差し指で丸書いたのよりちょっとおおきいくらいで、ちょろっとしか書かれていない。もし１００年まえに心ある政治家がいて、「１００年間北海道を借ります、１００年したら北海道をアイヌに返します」という一項目が北海道旧土人保護法にあれば、香港のように北海道がアイヌに返される時代が来たのになと思いながら、議員宿舎で新聞を読んだ記憶がある。

あん　北海道は基本的にアイヌに返すべきですよね。

萱野　そうですよ。返さないまでも年貢ぐらいだせって。すこしでいいんですよ、５７０万人いるんだから、日本人。アイヌはおおく見たって５万人でしょ。けんかしてもかなわん。あとからきた侵略者の大集団でもね、日本の法律では頭数がおおければ民主主義という名において多数決によって決まる。

わたし、いつもいうんですが、文化というのはおにぎりにしなさい。のちになって米粒、一粒一粒、あなたの文化、あなたの文化と分かれるように。餅にしたら離すことができないけど、おにぎりなら、アイヌの文化、カナダの文化、日本の文化とぱっと離せる。餅にしないでおにぎりにする、とくに言葉は、餅にしてはいけません。

あん　ライフ・ワークとして目標にしている仕事はなんですか？

萱野　文庫本にもなり、英訳もされた『アイヌの碑』の続編に今とりかかっている。

あん　『Our Land Was a Forest』というタイトルはなかなかいいですね。わたし、じつはこの本をもっています。これはすばらしい本ですね。丁寧につくっていますよね。本づくりではもとがとれなかったかもしれないですね。続編を楽しみにしています。ありがとうございました。

［２００２（平成14）年冬　二風谷《にぶたに》の萱野邸にて］

萱野さんからのメッセージ「21世紀のこどもたちへ」――〝となりの倉を当てにするな〟

少年少女のみなさん、イランカラプテー。

わたしの少年少女時代は、家での会話はアイヌ語で、小学校では日本語という具合で、別々の言葉をなんの苦もなく覚えました。

こどものころのことを思うとご飯を食べ過ぎたと叱られ、今の子どもは食べないといっては叱られるのを見ると羨ましく思うのと、物が有り余るほどある今の時代のみなさんが聞くと、うっそ、まっさかということもあったのです。

ということは、お金があっても店では買うものがない。日本の国は武器をもってよその国へ侵略し、戦争をしていたので国内では物資が不足で、「欲しがりません勝つまでは」の標語を合言葉に不自由をしいられました。

若いお父さんや兄ちゃんたちが戦地に行かされ、つぎからつぎへと死んでしまったのです。

この文を読んでいられるあなた方のお父さんや兄ちゃんたちが、国の命令で強制的に戦争に行かされ死ぬ。いやですよね。今の平和を今後もつづけることは、みなさんの自覚と力が必要です。

もうひとつ大切な事は日本の食糧事情ですが、わたしを含めて食べている六割方はよその国から買ってきたもの、四割しか国内で生産されません。まるでとなりの家の倉を頼りに食べているのとおなじです。もう売りませんと断られたら飢え死に、自分の食べ物は自分の国で、その意味で農業を見直しましょう。

アイヌは役目もなしに天から降ろされたものはひとつも無いといって、木も草も魚も鳥も獣も役目がある筈。川は魚の通り道であり、クマに餌を供給する命の道、山は鳥や獣のお家ですから自然は自然のままが、行く行くは北海道のおおきな財産になること疑いなし。

わたし自身のことをいうと、背中を伸ばして背負ったアイヌ文化保存継承の仕事を五十年、みずから進んで背負った荷物は重くないもの。若いみなさんはでっかい目標をもって、荷物を背負って歩くこと。

おしまいに北海道内にあるアイヌ語地名は約五万か所。先住民族アイヌの存在を忘れずに、相手を大切にすることによって、あなたも大切にされ、それが共生の道そのものです。

◇アイヌのあいさつことば◇

イランカラプテー　こんにちは＝はじめまして、イ＝それ＝あなた、ラム＝心、カラプテー＝触れる、あなたの心にそっと触れさせていただきます。

（２００２（平成14）年３月、北海道庁作成『「こどもと21世紀」メッセージ集』より抜粋）

萱野　茂（かやの・しげる）

１９２６（昭和元）年、北海道沙流郡平取町二風谷《びらとりちょうにぶたに》に生まれる。生涯の大半をアイヌ民具・民話の収集・記録・保存に力をそそいだ。その間に金田一京助、知里真志保と知りあう。１９７５（昭和50）年、『ウエペケレ集大成』で菊池寛賞受賞。そのほか、吉川英治文化賞も受賞。１９９４（平成６）年、アイヌ民族初の国会議員となり、「アイヌ新法」の制定に尽力。１９９８（平成10）年７月、任期満了にともない政界を引退。その後、「萱野茂二風谷《にぶたに》アイヌ資料館」館長をつとめる。１９９８（平成10）年、『萱野　茂のアイヌ神話集成』が毎日出版文化賞を受賞。２００１（平成13）年２月、総合研究大学院大学より学術博士号を授与される。学位請求論文は「アイヌ民族における神送りの研究――沙流川流域を中心に」。２００１（平成13）年秋、勲三等瑞宝章受章。２００６（平成18）年５月６日、パーキンソン病による急性肺炎のため療養中の札幌市東区の病院で逝去、享年79歳。

渡邉 護さん

「生涯の仕事だったからね、
わたしの場合はね。
36年間も捕鯨船にのって、
クジラと一緒に
働いてきたんだから」

「餓えてる人たちを救えた。
すごい仕事、しましたね。
社会貢献っていったら、今ふうの言葉？」――あん

日本の山へ海へ、原日本人探しの旅をつづけるあん・まくどなるどさん。3人目のゲストは、宮城県牡鹿町で戦前・戦後30年以上にわたり捕鯨にたずさわってきた渡邊　護さんです。

捕鯨2代目、17歳で船にのった

あん　船にのってクジラを捕っていたときのお話、聞かせてください。最近の「捕鯨は是か非か」というような議論ではなくて、実際の体験、渡邊さんのもっている、生きている歴史を聞かせていただければと思っています。

渡邊　船を降りてから二十何年になるんだから。もっと早く話があれば、生き生きとしゃべれたんだけどさ。25年もたつと、なんだ昔の話じゃないかといわれるからね。まえからなにか書いたらいいんじゃないかといわれてたし、取材もずいぶん受けたよ。「思いっきりテレビ」にもでた。「今日はなんの日」っていうのがあるんだよ。今年「2002（平成14）」の2月20日だったかな。昭和21（1946）年、食糧のない時代の1回目の南氷洋捕鯨から帰ってきて、東京の築地の魚市場へクジラを水揚げして、都民に配給した日が2月20日だったんです。わたしが捕ったクジラを都民に食べさせたと。

あん　当時の渡邊さんは何歳でしたか？

渡邊　そうねえ、1920（大正9）年生まれだから……。

あん　26歳？　そのとき渡邊さんは捕鯨船にのって何年目になっていたんですか？

渡邊　1937（昭和12）年の4月にね、はじめて船にのった。そして1938（昭和13）年の10月にはじめて南氷洋に行ったの。

あん　捕鯨船にのったきっかけは？

渡邊　本当はあんまり話したくないけど、旧制中学の2年生のときにね、指をね、疽《そ》という病気で切り落としたわけさ。軍事教練できねえわけだ。銃もなにももてない。勉強のほうも右手だから字書けねぇわけだ。中学3年あたりは一番覚える基礎の時期なのに、字書けないから覚えられない。ずいぶん苦しんだね。そんなわけで、どうせ軍隊にはいれないんだったら、船でものるかというわけで船にのったんだ。満17歳だったな。

あん　複雑な気もちですね。国のためには戦いたいんだけど、けがで戦えないから、まわりの批判的な目を受けながら。最初はどういう船にのったんですか？

渡邊　最初から捕鯨船。わたしはね、捕鯨2代目。父親が捕鯨船の機関長やってたわけ。わたしの故郷は牡鹿町（現・宮城県石巻市）の鮎川という、捕鯨の基地があった所。牡鹿町にはじめて捕鯨が来たとき、明治39（1906）年ね、父親も船にのろうとして来た。翌年から捕鯨船にのって、明治45（1912）年から60歳でやめるまでずっと機関長をやっていた。で、その間、大正9（1920）年にわたしが生まれたわけだ。捕鯨船にわたしが志してのったときは親父がまだ元気で働いていたわけです。で、親父の友だちが船長やなんかだから、わたしのことを頼んだわけだな、親父が。そしてわたしの進路が決まったわけ。昭和13（1938）年から南氷洋に行って、とにかく世界中まわった。

いくらでも捕れた、択捉《えとろふ》、南氷洋での捕鯨

あん　はじめて捕鯨船にのったとき、最初の仕事は？

渡邊　今の甲板員だ。昔のセーラー・マンだな。親父の友だちが船長をしていた船へのったわけ。

あん　当時の捕鯨船はどの辺で漁をしていたんですか？

渡邊　わたしは鮎川でのった。そしてすぐに千島沖に行ったわけ。今の北方四島。択捉《えとろふ》に会社の基地があった。

あん　なんという会社だったんですか？

渡邊　当時は鮎川捕鯨株式会社といったんですけど、その後買収されて、極洋捕鯨に名前がかわった。わたしがのってたころは、鮎川の名士が株主になって船をもっていたの。当時は198トンで一番おおきな船だった。鉄船。

あん　当時の択捉《えとろふ》はどんな感じだったんですか？

渡邊　人がおらんわ。択捉《えとろふ》も一番北の端。蕊取《しべとろ》という所が会社の基地でね。そこから南のほうにさがってきて、択捉《えとろふ》の内岡という所に、大洋漁業と日本水産の事務所があったわけ。ほとんど住民おらんかったよ。

あん　クジラの数は？

渡邊　クジラはたくさんいたよ。ただ、たくさんおっても船が198トンの小エンジン、りっぱな船じゃないわけだ。わたしがのちにのった船とくらべたら、ちいさい幼稚な船だったから。それでもクジラはたくさんおったから、なんぼでも捕れるわけ。天候がちょうど暖かい時期、4、5、6月に寒い所へ行く。操業してると霧でね、視界が悪くてクジラ、捕れないわけ。だからお天気のいい日を見てね、捕るわけ。なんぼでも島のまわりで捕れるの、マッコウクジラが。

あん　当時はどういうふうに捕ったんですか？　技術はノルウェーから日本にはいってきた？

渡邉　そう、大砲でね。

あん　じゃ、渡邉さんのお父さんはノルウェー式が導入されるまえからも？

渡邉　いわゆるモリでクジラを捕るのは、もう明治37~38（１９０４~１９０５）年ごろから日本ではじまってる。

あん　当時の船には何人くらいのれたんですか？

渡邉　20人以上のっていましたよ。

あん　鮎川から択捉《えとろふ》に行って、何日間ぐらい操業していたんですか？

渡邉　4~9月まで。

あん　ずっと海の上にいて？

渡邉　港にはいってお天気が良くなるのを待つわけだ。

あん　そのころ、全部で何頭くらい捕れたんですか？

渡邉　月に40~50頭捕れたな。

あん　1頭でトン数はどれくらいですか？

渡邉　おおきなマッコウクジラだったら、17~18メートル、50トンくらいあるかな。

あん　恐くなかったんですか、最初。わたしは漁船にのったことあるんですけど、たとえば知床半島の羅臼辺りで、スケソウダラの船にのったことあるんです。クジラが目のまえをちょこっと通るだけでおおきさにびびるから、それを捕らなければいけないというと、普通の人にはやっぱり恐い世界ですよね。映画の世界を超えるような気がするんですよね。どんな感じだったんですか?

渡邊 クジラ自体は恐くなかったね。うまくできてるんだね。おおきいクジラを捕ったらそれだけ金になる。歩合金の率がいいわけ。

あん 当時のみなさんの給料も歩合だったんですか?

渡邊 そう。おおきなクジラ捕れば、それだけ収入が増えるわけ。ちいさなクジラは捕ってはいけない。マッコウクジラは10メートル、30トン以下はダメ。そういう規制はまえからあったから。そうしているうちに、わたしのはいった鮎川捕鯨が極洋捕鯨に買収され、南氷洋事業に参入したわけ。昭和13(1938)年。その年に、わたしはもう南氷洋に行った。

あん 当時の南氷洋はどんな感じだったんですか? 初の外国旅行ですね、ある意味。日本からはたどり着くまでどのくらい?

渡邊 30〜40日かかったね。

あん 何人のりの船でしたか?

渡邊 24、5人のってたね。340トンの船。

あん ではまえよりおおきい船ですね。

渡邊 南氷洋のはみんなおおきい。内地操業の船で、一番おおきくても200トン。でも、それでは南氷洋へは行けない。

あん そのころの歩合は、たとえば一般日本人の給料とくらべたらどうだったのでしょうか?

渡邊 いやあ、格段の差だ。ものすごくよかった。戦前、セーラーで南氷洋に1年行って帰ってきたら、家1軒建つ。マグロ漁船なんて問題じゃなかった。マグロ漁船の人たちは捕鯨船にのりたくて仕方なかった。憧れの的だったわけだ。

あん　漁師の世界のなかで、お金以外に憧れの世界でもあったんですか？　クジラを捕るのは男の美学っていうのか……。

渡邊　戦争が勃発するような世のなかになってきたから、船のりだから良かったということじゃなくね。異常な時代だったね。

わたしの場合は南氷洋から帰ってきて、つぎの年ちょっと学校に行って、資格をとった。そして昭和15（1940）年に、おなじ船の一等航海士になった。極洋捕鯨の第3次南氷洋捕鯨で。そして昭和16（1941）年の4月に帰ってきたわけ。帰ってきてから、若かったからまたすぐに北洋捕鯨に行ったわけ。漁場は、ロシアのカムチャツカから東北のほうの、コマンドルスキーという島。日本水産と大洋漁業と極洋漁業の3社共同でひとつの船団をだしたわけ。日本水産の母船がね、図南丸。4月に帰ってきて、すぐ5月に行ったんだから。

あん　本当に海の上の生活者だったんですね。

死を覚悟して捕鯨船に

渡邊　そういうふうに休みなく南氷洋と北洋と、年中働かせてもらうのね。こんなこといっちゃうと自慢になるけれども、成績のいい人がそういうふうに働かされたわけ。

あん　言葉では簡単に「南氷洋から北極に行った」といえるんですけど、実際大変なことですよね。今はみんな飛行機にのれて、「明日はヨーロッパに行くから」みたいな世界になってるんですけど。当時「明日南氷洋に行ってくる」みたいな、ひとことをいえるというのが、やっぱりすごい。

「戦争がなかったら、人生はどういうふうにちがっていたんでしょうね。戦争に左右された人生ですね」

渡邊　今だからそういうふうにいえるのかもしれないよ、わたしも。当時、ちょっと病気したら治らないんだから。食料だって冷凍庫もないし、氷の冷蔵庫だから氷なくなったら、みんな腐るわけだ。乾燥野菜だのが食料だったからね。それだから脚気かなんかにかかって、死ぬ人がいっぱいあったわけ。わたしらはまだ夢中で働いてたけれどね、心ある人は死を覚悟してのってたんじゃないかな。そんなことといってもね、死を覚悟して戦争に行っている人はいっぱいいたんだから。戦争に行けないから、わたしはそっちのほうで働いていたんだからね。

あん　そのころでもまだ気もちは複雑だったんですか？

渡邊　戦争が終わるまでは複雑だった。昭和16（1941）年に、アメリカと危なくなってきたんで、北洋からちょっと早く帰ってきた。そんなとこで操業してたら捕まってしまうというんでね。8月に引きあげて、鮎川に帰ってきて、内地操業に切りかえた。鮎川で操業しているうちに、戦争がはじまった。

あん　パール・ハーバーですね。

渡邊　それですぐに、当時の捕鯨船という捕鯨船は日本の海軍に徴用されたわけだ、強制的に。捕鯨船が1隻もなくなったわけ。昭和16（1941）年12月。会社から、「船もないし、どうなるかわからないから、どこでも好きな所へ行け」と。親父もそのとき60で船

「そうですよ。で、学校に行って教えて、終戦になったわけだ」

をやめる時期だったし、わたしは幸い独身で、もう一等航海士になっていたし、2年働いて金もいっぱいあったしね。戦争はじまったときに、それじゃしばらくただ食いしていこうと思ったの。

その後、親父は小型捕鯨の手伝いを頼まれて、マネージャーをやってた。わたしのほうは、渡波町《わたのは》にあった宮城県立水産学校、今の県立宮城水産高校だけど、ここに遠洋漁業科というのができたけど先生が召集でいなくなったんで、わたしのところに頼みにきたの。免許貸しじゃなくて、本人が1週間に4日は来て教えてもらいたいと。民間漁船もそろそろ危なくなって、艦載機がそこまで来て船という船みんなやられてるし、これは陸にあがって学校の先生やってやろうと思って。昭和18（１９４３）年4月からの4年間は、学校の先生やってたわけ。

あん 戦争がなかったら、人生はどういうふうにちがっていたんでしょうね。戦争に左右された人生ですね。

渡邊 そうですよ。で、学校に行って教えて、終戦になったわけだ。昭和20（１９４５）年。

あん 鮎川沿岸で、20トン未満の船でどういうクジラを捕ってたんですか？

渡邊 ミンククジラ。

あん でっかい船からちいさな捕鯨船に切りかえたときには、これは

渡邊　かわいい捕鯨船だなと思いましたか？　漁はかわりましたか？　南氷洋でやっている捕鯨と、沿岸と。

あん　全然ちがうから、クジラの捕り方。撃ったあとに巻きこむ機械やなんか、そういうのが全然ちがう。

渡邊　撃つ技術はどこで身につけたんですか？

あん　17歳からのってて、ずっと見てるから。

渡邊　見て盗むという職人の世界？　マニュアルはなかったんですか？

あん　そうだね、あとでそういうのはできたけどね。当時はとにかく船長になるまでには、だいたいなんでもできるようになる。できなければ船長になれなかったから。それでも終戦後、南氷洋の捕鯨がはじまるというんで、昭和21（1946）年の10月、学校を無理やりやめたわけだ。

渡邊　捕鯨船に帰りたくてしょうがなかったんですね。

あん　だけど学校にはいるときにね、もし南氷洋が再開したらね、学校をやめますよということで学校の先生になったんだから。

戦争で戦えなかったぶんを、捕鯨で返す

渡邊　南氷洋で、たとえばイギリスの捕鯨船が捕っているの見ましたか？

あん　何回も。一緒にやってたよ。

渡邊　ちゃんとおたがいにルールはあったんですね。むこうが先に追っているんだったら自分たち

渡邊　は絶対に手だししない。海の上のジェントルマンシップですね。むこうの捕鯨船と日本の捕鯨船は、やっぱり捕り方とか捕ったあとのあつかい方はずいぶんちがいますか？　漁の文化というか、伝統はちがうと感じたんですか？

あん　やっぱり日本の戦後の捕鯨は、クジラの肉を利用するためだったから。油もとるし。昔から母船で皮と骨から油をとって、肉はなにしろ全部もって帰る。だけど昭和21〜22（1946〜1947）年あたりは冷凍母船がなかったから、塩蔵してもって帰ったわけ。もって帰ったとき、「クジラの肉ってうまくねえなあ」というのが、第一印象だったらしいんだけどね。命かけて捕ってきたのに、みんなの反応が「これ、おいしくない」。どういう気もちになったんでしょう。

渡邊　おいしくないけれども、みんな食べてくれた。そうでなけりゃ、餓死してしまうんだから。当時のマッカーサー元帥が、捕鯨に行って肉を日本人に食わしてくれと。戦後の南氷洋捕鯨は、マッカーサーの許可なければ行けないわけ。

あん　で、南氷洋はどうだったんですか？　捕りやすかったんですか？

渡邊　戦争中、捕鯨を休んだでしょ。どこの国もいかないんだから。クジラうんと増えたわけ。だから終戦後、戦争まえに行っていたときとあんまりかわらないわけ、クジラの状況は。なんぼでも捕れたわけだ。

あん　自分も休んでいたから、モリ打ちの技術は衰えたんですか、そのあいだに。

渡邊　昔とおなじレベルだったけれども、船の性能がよくなった。海軍の機械なんかを、全部捕鯨船に積んだわけだから。捕鯨技術の向上というのは、船の性能の向上だから。終戦後の船も340トンだけれども、スピードも速く、エンジンもおおきい。だから戦争まえの日本渡邊さんがのっていた母船「第二十五利丸」

漁船よりは捕りやすいわけだ。

あん とりあげられたものが、良くなって返ってきたという。でかけたときには、どういう気もちで？

渡邊 やっぱり食べる物がなくてみんなこまっているわけだ。とくに動物のタンパク質が不足して。だから行こうじゃないかということで行った。自分のためと同時に、みんなのために働こうという気もちもあったよ。

あん 戦争では戦えなかったけれども、ここで、という気もちはあったんでしょうか？

渡邊 わたしにはあった。

戦後の食糧難をクジラでまかなった

渡邊 その当時は母船の処理能力1万トン。わたしがのった最後の母船とくらべたら、ちゃちなもんだった。最後は2・5万トンくらいの母船だからね。

あん すさまじい技術開発ですね。この1万トンの船で、どのくらい捕ってもって帰れるんですか？

渡邊 鮮度のいいものをもって帰るわけ。ところが戦後、

あん　南氷洋に行った1〜2年目あたりは、冷凍の能力がないから塩蔵でしょ。もって帰ったってあんまり喜ばれない。またクジラの塩蔵かってね。そこで急きょ、1万トンクラスのおおきな冷凍母船をつくったわけ。3年目あたりから、捕鯨母船と冷凍母船とで、船団がおおきくなったわけ。それで捕鯨母船ではクジラを解体してね、骨と皮は母船の上で処理する。肉はどんどん冷凍母船で運んで、かたっぱしから冷凍したわけ。

渡邊　冷凍設備が導入されたことによって、クジラを無駄にしないですむようにはなったわけですね。でも、ある説によれば、マグロに関する話ですけど、冷凍設備の技術があまりにも向上しすぎたために、マグロを捕りすぎる傾向が生じたと。クジラについては、それはなかったんですか？

あん　クジラの場合、捕る頭数は国際捕鯨規則で決まっているから。12月20日〜3月31日までの期間にわり当てられた量を捕るわけだから。鮮度を悪くして処理することのないように、捕る時間を決めたり、処理能力にあわせて捕った。外国の母船は油だけでしょ。終戦後もずっと油だけ。皮と油だけだからすこしくらい鮮度が落ちてもね、なんてことないわけだから、捕りだめて、クジラ腐ってからでも解体したわけ。

渡邊　外国の捕鯨船が去ったあとの風景を見ましたか？

あん　あんまり近よらないようにもしているし、そばに行ったたって手あげるくらいのもんでね。あんまり立ちいった話はしないけれども、いろいろ聞いたりなんかするとね。とにかくシロナガスなんておおきなものでも、皮をはいで、肉を4分の1ずつ切ってワイヤーで引っぱって海に捨ててるんだからね。もったいないと思ったね。

あん　こっちにくれたら食べてくれる人はいるのに。

渡邊　戦争まえは、日本もそうだった。鯨油をヨーロッパに売るためにクジラを捕った。だから戦後は「肉もってくるんだら南氷洋行かねえでくれ」って、肉屋さんにボイコットくったわけだ。

あん　どうして？

渡邊　クジラの肉食ったら、牛肉だの豚肉だの食わねぇでしょ。

あん　日本人は昔から鯨肉を好んで食べてきたというわたしのイメージは、多少まちがっているんですか？

渡邊　食べていたけれども、南氷洋からもってくる方法がなかったわけだ。冷凍技術がなかった。沿岸で捕れたものは全部利用していたけれども。

あん　でも戦後、なぜわざわざ南氷洋まで行ったんですか？　だって冷凍設備がないんだったら、沿岸だけですませたら……。

渡邊　それじゃ日本国中に必要な動物タンパク質の量に、全然たらんわけだ。とにかく塩蔵してもって帰った。国民は、まずくとも口にはいる物があった。1万トンくらい捕ってもって帰った。

あん　1万トンの鯨肉。ちょっと想像つかないような量ですね。すごい仕事、しましたね。餓えてる人たちを救えた。社会貢献っていったら、今ふうの言葉？

渡邊　当時は思ってたな、国民のためになったって。兵学校に行ってたら、軍人だけど、そういうのにならなくても船のりでね、みんなのためになったなって。

「孫に『おじいちゃん、クジラ、何頭殺したんだ』っていわれる……」——渡邊

捕鯨船にのり南氷洋と北洋を何度となく往復し、終戦直後の日本を飢えから救ったと自負する渡邊さん。しか

し、反捕鯨の時代の波のなか、孫の言葉にも心を揺さぶられます。

100メートル先のクジラの心臓を撃つ

あん　はじめて自分でクジラを撃ったのは何歳でしたか？

渡邊　はじめて見習い砲手になったのは、昭和23（1948）年の8月。そして10月に関丸という船の船長兼見習い砲手として南氷洋捕鯨に参加した。見習い砲手だから、一発撃たしてやるってことで、撃たしてもらった。

あん　それはどうでしたか？

渡邊　当たるよ。当たるけれども正砲手がいるからね。一発撃って当たったから、自分で指揮してそいつを捕ろうと思ったところが、「おまえもういい、あとはわしがやってやるから」と。そういうもんなんだ、船のなかっていうのは。きびしいの。そのつぎの年から、今度はわたしが砲手になった。

あん　練習で撃ったとき、完全に当たったんですか？

渡邊　当たったよ。経験積んでベテランになったら100メートル先のクジラ撃つんだ。

65キロもあるモリ。1度、鯨の体に撃ちこまれるとぬけないようになっている

シロナガスクジラは体長30メートルほど。おおきいものは胴まわりも30メートル、100トンにもなる

あん どこを狙うんですか?

渡邊 むずかしいんだよね。自然に覚えていくわけだ。そこに本物のモリがある。わたしが使ったもの。

あん 非常に重たいんですね。

渡邊 65キロくらいあるからね。それでクジラの心臓を狙うんだ。

あん でも海のなかで泳いでいて、ここが心臓だってよくわかりますね。どうやって狙ったんですか? 海のなかで泳いでいるおおきなおおきな動物に、いつも当たったんですか?

渡邊 95パーセント、名人なら。まあ最後の最後のあたりはね。

あん 初期のころは?

渡邊 70~80パーセントくらいだな。心臓をぴたっと突けば、一発で死にます。全然苦しまないで。

あん はずれた場合、どうなるんですか?

渡邊 巻きもどしてね。その間、クジラは逃げます。

あん 心臓ははずしてもクジラに突っこんだときはどうなるんですか?

渡邊 即死しなかった場合はロープを近距離まで巻いて、二番モリを撃つ。

あん クジラはあばれたりしないんですか?

渡邊 あばれるよ。クジラが比較的弱らない所に当たっても、ぱっとモリの爪が開くから、いっぺんはいったらとれないの。だから

ロープは離れない。けれどもクジラは一所懸命泳いでいるから、船もずーっとスピードだしてね、追いかけるんだ。引っ張りまわされて、ロープが全部とられるときもあるわけだ。

あん　どっちも必死になりますね。

渡邊　巻きながらクジラに近づいて、二番モリで心臓撃って仕留めるわけだ。

あん　この写真（82ページの写真）の母船はいつごろのものですか？

渡邊　捕鯨の終わりのころだね。

あん　２・５万トンくらいですね。

渡邊　それはシロナガス。一番おおきなやつ。なんぼ捕ったかわからない。シロナガスクジラは30メートル、ナガスクジラは25メートルくらいある。30メートルのシロナガスだったら、おおきいのは胴まわりもおなじ30メートルあるの。１００トンくらい。母船で量って記録とってたね。

あん　1頭で１００トンというのはほんとにおおきな動物ですね。

渡邊　そのクジラがフルスピードで逃げる、船もフルスピードで追っている。クジラと船の距離が１００メートルくらいあるから、心臓狙って撃ったんではモリはとどかない。モリは重いし、ロープがついてる。泳いでいるクジラの体の２～３倍むこう側を狙って撃つわけ。長年の経験でね。そうすると、心臓へはいる。

おおきくかわった捕鯨への視線

あん　クジラの殺し方は非常に残酷で、苦しませているという声を聞きます。とくに外国からの批判はすくなくないと思います。自分で実際撃った人間からいえば、クジラは、たとえば鳴いたり苦しんだりするんですか？

渡邊　そんなことないな。クジラが悲しんでいる場面なんて見たこともないし、シロナガス、ナガス、マッコウクジラとかおおきなクジラは、別に鳴いたりなんかしないけれど。まあ苦しそうにしているときもあるけれども、早く仕留めてやるようにしてたしね。

あん　二番モリを撃つまでの時間はどれくらいですか？

渡邊　そのときによってちがうけれども、1時間もかからない。20〜30分くらいだね。わたしが砲手になったころは、クジラが10頭も20頭も群れになって泳いでいたから、1頭捕ると、そいつを浮かしておいてつぎのクジラを捕りに行くんだ。ほかのクジラもずーっと泳いで逃げてる。
　ちょっとかわいそうだけど、夫婦でいるクジラ、オスよりメスのほうがおおきいんだ。どうしてもおおきいクジラを捕るように心がけているから、先にメスを捕るわけ。メスを先に捕るとね、オスはあんまり遠くに行かないわけだ。ところが反対に、まちがって先にちいさいほう、オスを捕るとメスはどっか行っちまうわけだ。

あん　メスのほうは自分の命を守るために逃げるしかない、オスはメスを守る？

渡邊　そういうふうに考えたらかわいそうだからさ。夫婦の愛はオスのほうがおおきいんだなと思って心休ませていたわけだ。あんまり微にいり細にいりいうと、孫に「おじいちゃん、クジラ、何頭殺したんだ」っていわれる。だから何頭捕ったかとか、あまり教えないんだ。

あん　孫たちは漁としておじいちゃんの仕事を見ているというよりも、殺したと。その言葉使うだけで、感覚、全然ちがいますよね。まさか若いころの自分の世界が、こんなに１８０度、ひっくり返るとまでいわないけど、自分が誇りをもってやってた仕事に対して、こういう評価になるとは思わなかったでしょう。

渡邊　いやあ、思わなかったね。

あん　兵隊に行けなかったのとはちがう、また複雑な気もちになりますよね。

渡邊　だからこんなインタビュー受けてもね、いいたくないこともある。だけど生涯の仕事だったからね、わたしの場合はね。36年間も捕鯨船にのってクジラと一緒に働いてきたんだから。

あん　自分にとってクジラとはどういう動物、存在ですか？

渡邊　そうねぇ。とにかく見つけたら捕ってやろうと。

あん　でも「クジラと一緒に働いてきた」というセリフのなかに、クジラはなんというのかな、仕事の仲間じゃないんですけど、単なる動物ではなかったですよね。

渡邊　なんちゅうかな。だから本当はあんまり話したくないわけよ。今になってはね。当時はそうじゃないよ。帰ってきたときの歓迎のされ方ったらね。もっとも儲かるんだから。大洋漁業あたりでは母船３つもつくったからね。

シケのおおい沖まで行かないと、もう捕れない

あん　クジラの処理には何時間くらいかかったんですか？

渡邊　母船でそうねぇ、おおきなクジラでも30分くらいかな。皮と骨と身にばらすのね。

あん　何人くらいで処理しているんですか？

渡邉　40～50人じゃないかな。

あん　40～50人で100トンのクジラを30分でしあげる。やっぱり仕事速いですね。だんだん技術が良くなって、いろいろ改善していくと同時に捕れる頭数も増えてくるんでしょうね。それを見ていて、このままこの勢いでクジラを捕ったら、どこかで行きづまると本能的に感じましたか？

渡邉　それはあったよ、たしかに。クジラがいなくなったらどうしようかな、捕りつくしてしまったら……。複雑だったね。

写真の船は、つくるときにわたしが行って監督したんだけど、その当時はね、もうすでにシロナガスは捕りつくしてた。ほとんどおらんようになったわけ。

あん　何年ごろですか？

渡邉　昭和37（1962）年ごろかな。ナガスクジラは326頭捕れたけど、シロナガスは17頭。いかにシロナガスがすくなくなったかということだね。それからイワシクジラが12頭。

捕れんようになったと同時に漁場もかわってきた。クジラをたくさん捕ってたあたりはね、氷原の近く。おおきな氷山がいっぱいある所で泳いでいたわけだ。氷原の近くに行くと、シケでもね、氷の山の陰に行ったら凪《なぎ》がいいわけだ。平穏なわけだ、海が。だから昔の300トンくらいの船でも楽に捕れたわけ。でも、次第にそういう所にクジラおらんようになって、沖に沖にでていった。南極だから北に行くと沖になる。で、氷山もなにもなくなってきて、シケもおおいわけ。それだから、船をどんどんおおきくしていったわけ、それに耐えるように。緯度48～50度くらい、いわゆる暴風圏。いつでもシケている。そんな所へ行かなければ、もうクジラ捕れなくなったわけだ。

あん　昭和40年代にはいっていくと、戦後とはまたちがう意味の、命をかけた捕鯨になったんですね。人間は無理してる。その無理してるなかで、こういうのやめようかなと思ったことありましたか？

渡邊　それはね、かわいそうな質問じゃないかな。職業だから、わたしら。

捕鯨技術の向上は船の性能向上

あん　シケのなかでのモリ撃ちというのは、バランスがとれない状態ですよね。

渡邊　それはやっぱり長年の経験でね。

あん　命中率95パーセントを保っていたなんて、やっぱりすごいですね。

渡邊　まあ、船の性能がよくなってきたし、おまけにソナーといってね、潜ってるクジラがつぎにどこに浮かんでくるか、音波でわかるの。クジラを撃つ距離まで近づくのに、昔は勘でやっていたわけだけど、ソナーでクジラがこのつぎ呼吸しにあがってくるとき、近くに行けてるわけ。

あん　勘で漁やったときのほうがおもしろかったですか？

渡邊　手間がかかることよりも、機械ができてよかったなあと思ってね。

あん　きれいごとはいくらでもいえるけれども、やっぱりこんなにコンピューターが普及しているというのは、人間はやっぱり機械があればそっちのほうを選びますよね。自分だって手で書くよりもパソコンでいろいろなもの打ったほうが仕事はしやすい。

渡邊　しかしわたしらずいぶんクジラ捕ってきたけれども、あんの国でも捕ってたんだから、カナダでも。バンクーバーの沖とか、東のほうのニューファンドランド島。あそこにわたしらの基地があったわけ。あそこへは、古くなって南氷洋では使えなくなった船をやった。それでも捕れるんだから。いっぱいクジラいた。

あん 北と南どっちの海がおもしろかったんですか？

渡邊 おもしろいっていうよりも、南のほうがやっぱり働きがいがあったかな。クジラの種類もね、シロナガス、ナガスがおおいしね。北のほうは、アラスカ湾からアリューシャン列島、カナダのほうまでずっとさがっていって。

あん お話聞いていて、すごく感心しているのが、世界地図が体に染みこんでいるんですよね。

渡邊 ずっと海の上にばかりいたからね。

あん 地名をあげるときは、やっぱりそこの風景まで頭に浮かんでくるんですか？

渡邊 南氷洋とかはね。わたしの部下だった連中がみんなニューファンドランドとかバンクーバーで操業してたから。帰ってから話聞くわけだ。シシャモに似た魚、なんていったっけな。ケプリンか。

あん ごめんなさい、わたし内陸の人間で海よくわからないんですよ。都会育ちだから。いい訳ですけど。

渡邊 産卵するんでニューファンドランドのあたりに来るわけだ。そいつを追いかけてナガスが食いに来る。そいつを捕るわけ。だけど9月ごろになったら、グリーンランドから流れてくる流氷で船が走れなくなるんで、引きあげた。だけど、その1世紀まえには帆船で、ロウソクのロウとるためにマッコウクジラ捕ってたんだ。カナダでもやってたし、アメリカでもやってた。

クジラという食文化、クジラ供養

あん　当時、クジラのどの部分をおもに食べていたんですか？

渡邊　尾肉も含め赤肉全部。それからかたい須の子《す》(内臓周辺の腹の肉)だとか畝須《うねす》ね。尾羽とか手羽(ヒレ部分)は昔から塩蔵。冷凍技術が進歩してもね、塩蔵でもって帰った。これは脂身で、薄く切ってハムみたいにして食べる。

あん　南氷洋に行ったときには、船のなかでもクジラ食べたんですか？　捕りたてのクジラはやっぱりおいしいんですか？

渡邊　おいしいよ。わたしは子どものころから鮎川で育っているから、肉なんて食ったことない。牛肉とか豚肉なんて売っていないから。クジラの肉あるからね。乗組員はすこしずつもらってもって帰る。一番いい所をね。

あん　おいしい所はどこですか？

渡邊　腰のあたり。尾肉・尾身といって、筋肉がよく発達してる。松坂牛の霜降りみたいなもんだよ。シロナガスだとか、ナガスクジラの尾肉っていったら。

あん　食べたくなりましたね。わたしはクジラ食べるの好きです。おいしいと思います。すごく感心したのは、血をスープみたいなものにいれて飲みますよね。体がホカホカになる。石巻に以前あった「勇魚《いさな》」(クジラの意)というお店で、クジラ料理を食べさせてもらったんですけど、いろいろな肉が1頭のなかにあって、おいしかったですね。

渡邊　すき焼きだとか、ライスカレーだとか、全部クジラだった。今もクジラあれば食べるよ。

あん　鮎川町で生まれ育って、ずっと鯨肉を食べてきて、クジラは自分の生活のなかにどっぷりはいっていますよね。なにか宗教的なもの、神社にクジラ参りとか、そういう習慣はあったんですか?

渡邊 それは会社で、船団が帰ってきたときに。たとえば横須賀とか、箱根あたりの有名なお寺さん行ってね、クジラ供養。個人でも、わたしなんかもそうだけど、クジラの冥福を祈ってお参りしたこともあるよ。

あん 鮎川ではそういうのなかったんですか?

渡邊 鮎川でもあるよ、いっぱい。夏にやってるじゃない、クジラ祭りっていうの。見に行ったことはないけどね。はりぼてのクジラだしてね。

あん 昔からずっとつづいているのではなくて、最近はじまったものなんですか?

渡邊 最近だね。昔から伝統的にあるものではない。慰霊祭とかも兼ねてるようだけど、街おこしとして。わたしが子どものとき、人口1万人以上いた。最盛期には1万5000人くらいいたんじゃないかな。今5000人くらいしかいない。クジラいなくなったから。

持続可能な捕鯨を実現できるか

あん 今、日本はとくにミンククジラについていろいろな科学的調査に基づいて、絶滅の危機に瀕しているクジラは捕ってはいけないけど、増えすぎてほかの魚に危害をおよぼしている可能性があるから、持続可能な捕鯨はあってもいいんじゃないかと主張しています。どう思いますか?

渡邊 大型のクジラ、シロナガスとかナガスね、それに準じたおおきさのクジラ。わたしの体験かちいえば、大戦まえに見てきた南氷洋が、戦争のあいだ出漁しないで、戦後行ったらおなじようにクジラたくさんいたわけだ。それから二十数年、南氷洋行って、絶滅に近いくらいクジラ捕っちまったからね。だから今、捕鯨を再開しておおきなクジラをということは、ちょっと考えられないね。そして、今から何年か休んで捕りに行くというのも、考えられんね。
ただ、このあいだの国際会議でも話題になっていたけれども、南氷洋にミンククジラ75万頭くらいいたら、1年間に2000〜3000頭捕っても種の絶滅にはつながらないという話を聞けばね、なるほどわたしらもミンクずいぶん見たし、すこしくらい捕ってもいなくなるという種ではないから、ミンクは商業捕鯨やってもいいんじゃないかな、と思ってはいますけれどね。それと、沿岸では魚がミンクに食われているから、それですこしくらい捕らせてくれと、ずっとまえから総会のたびに議題にのせるんだけれども、今年もダメだった。

あん　たとえば商業捕鯨を、ミンクでは何頭くらいまでなら、資源管理をうまくできると思いますか？

渡邊　50頭くらいだったら絶滅することはないんじゃない。

あん　でも人間がそれを守らなければいけないですよね。そこのほうが問題かもしれないですね。今回はミンクに対する商業捕鯨の提案は通らなかったんですけど、たとえば将来、20年後でも、10年後でも、商業捕鯨が認められるようになったら、日本人の食文化はすぐにクジラを受けいれられますか？

渡邊　このごろの新聞なんか見るとね、今は調査捕鯨のクジラもあまり好かれないようだね。値段も高いもん。ただ、冷凍ものとこのあたりの生とではね、味が全然ちがうから。捕って鮮度のいいうちにばらして食膳にのぼらしたら、うまいからねぇ。

子どもをつれた親は捕らない

あん　このあいだ、じつは英字新聞で、ある77歳の昔の砲手の思い出話を紹介していたんですが、お母さんが捕られて子どもが鳴いたというふうに書いているんです。やっぱり子どもたちは鳴いているんだなと思いますよね、そういうふうに書かれると。でも実際に現場ではそういうのはないんですか？

渡邊　鳴き声を聞いたという記憶はないね、何十頭捕ってても。だけど死ぬときには、やっぱり呼吸荒くなったりなんかすると、音はするね。よく今ホエール・ウオッチングやなんかでね、水中カメラ使ってさ、クジラが会話しているとか歌っているとか、あるでしょ。それは水のなかで水中マイクで聞いているからわかることで、わたしら大砲台から聞こえるわけないよ。いろいろな音が聞こえるけれどもね。でも、だいたい子どもつれてる親は捕っちゃダメなんだから。35フィート（約10・7メートル）以下のちいさいのと、乳飲みクジラ、子どもを産んだばかりでおっぱいをあげているクジラは、捕っちゃダメなの。もちろん子どももダメ。違反捕鯨で、砲手が警察署につれていかれる。そういう約束事をしっかり守る人じゃなければいい船にのせられないわけだ。

わたしらがおしまいのころに、もうクジラすくなくなってきて、たとえば4〜5頭いて、全部捕れるクジラだと。近くに船がいれば呼んで、5頭のクジラを5艘の船で捕れば、簡単に短時間で捕れるわけだ。それを人よりよけい捕ろうと思って1頭しかおらんかったけど、近くに行ったらまた1頭、そしてまた1頭いたと。そしてひとりで5頭捕る人もいるわけ。時間かかってしょうがないわけだ。5艘の船が1頭ずつなら短時間で捕れる。そしたら移動してまた別の漁場で捕れるわけだ。そういうふうな時代になってきてた、わたしらの晩年は。ひとりでよけい捕るというのは技術もあるけど、そういういやらしい作戦もあるわけだ。ひとりでよけい捕れば自分が捕った分だけ歩合金がでるんだから。わたしがおおきな船にのる以前の、クジラがすくなくなってきたあたりには、もうそういう捕れ高歩合じゃダメだと。プール制の歩合金制度になった。

あん　それは渡邊さんのアイデアだったんですか？

渡邊　わたしのアイデアじゃないけれど、そういうふうにしなければ、これから長く捕鯨つづけていけないんじゃないかと。そうすれば、5頭いれば5頭いたと正直にいってみんなで来て、簡単に短時間で捕れて、しかも歩合はおなじ。欲はだれでもある。野球じゃないけれども、団体でやっている仕事はね、やっぱり自分個人の欲じゃダメなわけ。

あん　じゃあ、ある意味、資源管理のもとは人間管理、人間の欲の管理かな？

渡邊　なかなかむずかしいな。捕り高歩合は、砲手と船長では半分だからね。南氷洋から帰ってきたら、砲手が戦争まえの歩合金で2万円くらい。今なら相当なもんですよ、何千万。

渡邊さんてダンディで紳士

あん　話かわりますけど、渡邊さんは会うたびにいつもかっこいい。イギリス紳士のようでダンディ。

渡邊　紳士じゃないよ。

あん　ファッション・センスがなかなか。品があって。今日だってポケットにハンカチーフはいってて。

渡邊　6月16日の誕生日で82歳。

あん　でも82歳を人に感じさせない若さ、すごいです。なかなかできないことだと思うんですよね。だって50歳でも精神的に疲れ果てて、しかもそれを人に感じさせるような人、たまに接しますから。82歳でそれがゼロっていうことは、おぉ、負けないようにがんばらなくちゃってね。

［2002（平成14）年春、石巻市の渡邉さんの自宅にて］

渡邉　護（わたなべ　まもる）
1920（大正9）年、宮城県牡鹿町生まれ。17歳で同町鮎川にある鮎川捕鯨（株）（当時）に入社。第2次大戦中、一時陸へあがり水産学校の教師を務めたが、終戦とともに復帰、指導砲手、船団相談役として戦後の食糧難を救う南氷洋捕鯨にたずさわり、1976（昭和51）年に大洋漁業（株）を退職するまで、捕鯨船で南氷洋・北洋を何度となく往復する。「東北マルハOB大鯨会」名誉会長、「宮城いさなOB会」会長。2005（平成17）年春、石巻で逝去。享年、84歳。

山縣睦子さん

「目標を１００年先において森林を育てています。
百年先に答えがでるでしょう」

栃木県矢板市で400ヘクタールの森林経営にたずさわる山縣睦子さん。約30年まえ、専業主婦から一転、50歳で林業の世界に飛びこみ、素人の強みを生かして、当時地元ではめずらしかった利用間伐や枝打ちなどをとりいれ、持続可能な森林経営にとりくんできた思いを、原日本人探しをつづけるあんさんがたずねます。

逆転の発想で新しい林業経営にとりくむ

あん わたしは、去年［2001（平成13）年］の秋から宮城県の松山町を農村定点観察調査・取材の本拠地にしました。そこで感じたんですが、日本の春は、じわじわと柔らかいんですね。3月に北海道から沖縄までいくと、ちょうど春にかわっていく時期で、日本の春はいろいろな顔をもっているんですね。わたしは、おもに農村、漁村めぐりをしていますが、林業を生業《なりわい》としている山村には農漁村ほど深い縁がないので、今日は無知な質問ばかりをしてしまうかもしれませんが、よろしくお願いします。

山縣さんの森林を歩きながら、「100年先の成長を待つ」「お金儲けの発想だけではつづかない」、そうした林業についてお話をうかがっていきたいと思います。

山縣 うちの山林は、標高350～650メートル、面積は約400ヘクタール。人工林の林齢は、植えた年を1年と数えますが、わたしの森林は、20年生までほとんど面積ゼロ。ということは、この間、全然伐らなかったということ。従来の林業では、たとえば50年生になったらその林は1本のこらず伐る、いわゆる「皆伐」をしました。伐採後の山は裸になり、また植えないといけない。でも今は材木の値段がさがり、人件費はあがる一方で、これでは林業は成り立たないので、わたしは全部伐るのをやめ、間伐で収入をあげる方法をとりいれました。

全部伐ることを皆伐、あいだをぬいていくことを間伐といいますけど、一般におこなわれている間伐は、悪い木を伐って、良い木をのこしていくんです。わたしは発想を転換して、まったく逆に良い木を先に伐って出荷し、すこしでも収益を得るように切りかえました。収入間伐とか、利用間伐とか申します。良い木というのは、たとえばここに30年生のスギの1ヘクタール当たり2000本の林があるとしますと、まだ若くて用材として役に立たない木がおおいのです。出荷するときには材の寸法の規格がありまして、建築用材ですからきびしいんです。長さ3メートルに伐って末口が何センチ以上と決まっています。この林齢でスギは高さ13メートルぐらいに成長していますが、長さ3メートルの柱用材が2本ぐらいしかとれない。それでなかでも成長のよいものを選んで間伐するのです。若い木は、たいした収入は期待できませんが、成長の早い木は、まわりの木を圧していますから、間伐後は、被圧されていた木々の日当たりがよくなって、成長を早めます。

あん　どうして利用間伐方法を?

山縣　伐ったあとに植える苗木は1本百円くらい。で、1ヘクタールに3000本植えるとしますと、人件費などを含め60~70万かかるんです。植えるだけで。地ごしらえという準備作業もありますし。

農家は春に種をまいて、秋には収穫できます。それに補助金もかなりでるので、6~7か月で収入がはいってくるから、投資した資金の回収が早いですが、林業じゃとてもそんなことにはなりません。成木するのに50年といわれていますから。わたしは、50年でもたりない、200年育てようと思っています。200年のあいだ、間伐を15~16回するんですね。15~20パーセントぐらいの率でその都度伐るのです。

今は外材のおかげで太い丸太が売れなくなった。国内の山からたくさん供給したとしても、需要がなくて売れないんですね。だから、伐らないで山にのこしている人がおおぜいいるわけです。戦後は東京の復興のために住宅産業がさかんで、いくらでも木材が必要でした。それが時代の流れで、プレハブがはやるようになって、国産の木材が売れなくなった。

あん　自分の森を見ていて、時代の波がわかるんですか？

山縣　わかりますね。でも、昔の良き時代ばかり振りむいていてもしょうがないです。このまえある方に「森を育てて、将来どうなると思いますか？」と聞かれて「１００年先のことはわからないけれども、わたしたちは目標を１００年先において森林《もり》を育てています。今、目のまえにある若い林の１００年後の姿を描いて、そのためにどういう手いれをしたら良いかとつねに考えながら育てています。１００年先に答えがでるでしょう」と答えました。

10年、20年では木はあまり成長しません。40年、50年たって、ようやく納得できる森林《もり》になります。気の長い話ですね。いいかえれば、長い年月があるため最終収穫期を所有者の経営の都合で決めることができるという有利性もあるわけです。

あん　でも、それをいえるというのは相当余裕があるんですね。良いものはもちろん売り物にするんですけど、今までだれも相手にしなかった木にも目をむけて、１００年というスパンで見る。その余裕はどこから来ているのですか？

山縣　余裕はないんですけれども、わたしのところは幸いある程度の広さの森林《もり》をもっていますから、成熟した木から順繰りに伐っていきますと、一巡するあいだに以前伐った（間伐した）林が成長しています。またそこを何回目かの間伐をすることができ、収穫が得られるわけです。

（目のまえの杉林を指差しながら）これは34年生ですね。あと8年くらいで大変良い林になると思います。今年［2002（平成14）年］一部を伐ろうとしているんですけど、1ヘクタールあたり2000本ほどある立木の2割を伐りますと、のこりは1600本になり、本数は減るんですが、体積は5～6年すると回復し、むしろ良い木が育ってきます。

50歳でゼロからスタートした林業

あん　50歳で林業にとりくみはじめ、ゼロから勉強し、森とはじめてかかわったんですよね。森のことを、今日のように〝森の百貨店〟みたいに話せて、説得力も自分の哲学もあって。ここにたどり着くまでに、どんなことがあったんですか？

山縣　50歳でスタートしたからできたんだと思います。大学を卒業してすぐよりは、わたし自身がすでに大人になっていましたからね。若い人より人生経験もありましたし。それともうひとつ、わたしが林業の素人だったから、思い切ったことができたんだと思います。大学の林学科をでて、マニュアルどおり、教科書どおりでは思いどおりの林業経営はできないのではないでしょうか。素人だから疑問がわき、もっとこうしたほうが能率があがるとか、新しいマーケットを開拓するとか、できるのではないでしょうか。林齢40年生で、これから成長していくのに皆伐するのはおかしい。穂先が伸びている過程が見えるのに伐るなんてできません。「女性と素人は、結論をだすまえに走りだすからこわい」といった大会社の経営者がいましたが、わたしなどはその典型です。

あん　最初から収入間伐に切りかえたんですか？　それとも最初はマニュアルに従ってやろうと？

山縣　突然主人が亡くなったとき、わたしは専業主婦でした。番頭もいて、人もたくさん使っていたんです。その人たちはベテランで、わたしより林業のこと、うちの森林《もり》のことを知っていますし、今までどおりにまかせておけば、別にさしつかえなくできたんです。でも計算したところ、延納した相続税を納めるために毎年木を伐りますと、12〜13年で伐期に達した木が全部なくなってしまうことがわかり、これは大変だ、なんとかしなければと考えはじめました。そのころ、先進林業家の集まりにいれていただき、先輩の方々の林業経営を勉強したり、先進林業地の視察に参加したりと、わたしなりに林業を知ろうとまず、スギ、ヒノキの人工林の育て方、つくり方から勉強して。日本の国土は北から南へと細長いので、気候も地質も北と南ではちがいがあり、それぞれにあった性質のスギ、ヒノキがあるのです。また、生活様式も地域によってちがい、したがって家屋の形から使う材料もちがうので、それを勉強し、地域に適した育て方、市場で競争できる商品を目指しました。ただ、大変だったのは、わたしの方針を納得して現場で実行してもらう、うちの山の従業員のおじさんたちを説得することでした。

あん　わたしは役所の人かと思ったんですが。

山縣　役所は、指導はするんですけど、個人の山ですから、限界があるわけです。林業を知らないために、自分の納得のいくことをやりぬく強みというのがあったんです。大変だったのはうちのおじさんたち。

あん　プライドをもって、信念でやろうと。

山縣　当時は女性の林業経営者はあまりおりませんでした。わたしはそれまで主人について見たり聞いたりはしていたんですが、実際に自分で指示したことはないし、世間知らずでもあったので、彼らを説得するのはほんとに大変だった。まず、植つけの本数をかえるようにいったら、そんな植つけやったことがないからできないというんです。彼らは、1ヘクタール何千本、木と木のあいだが何尺って決まっていると抵抗されました。

あん　体で覚えてきたからかえていくのはむずかしいですね。

山縣　はい。それで、わたしは絵をかいて説明しました。そして、失敗してもあなた方の責任にはしないから、やってごらんなさいと。植つけは納得してもらい、本数を増やしていきましたが、わたしが一番執着したのは〝枝打ち〟です。これだけは口で説明してもダメで、やはりできあがった森林《もり》を見て、技術を習得しなければモノになりません。
愛媛県久万町《くまちょう》の岡　護さん（故人）という著名な林業家にお願いして枝打ちの研修に4～5人の従業員を派遣したのです。技術はもちろんですが、岡さんの森林・林業に対する思いいれ、哲学を学ぶようにと。実際、参加した従業員は岡さんにほれこんで帰ってきて、大変良い山をつくってくれました。

400ヘクタールの山が、今は全部頭にはいっている

あん　自分のところの従業員は何人ぐらいですか？

山縣　12～13人くらいでした。

あん　平均年齢は何歳くらいですか？

山縣　若い人で35～36歳。そのなかで、1年中雇用している人は5～6人。そのほかは農閑期に来てくれる人たちです。自分の山をもっていて枝打ちを学びたがっていた人もいたので、彼らを中心に久万町へ派遣しました。通年雇用の平均年齢は52～53歳ぐらいかな。

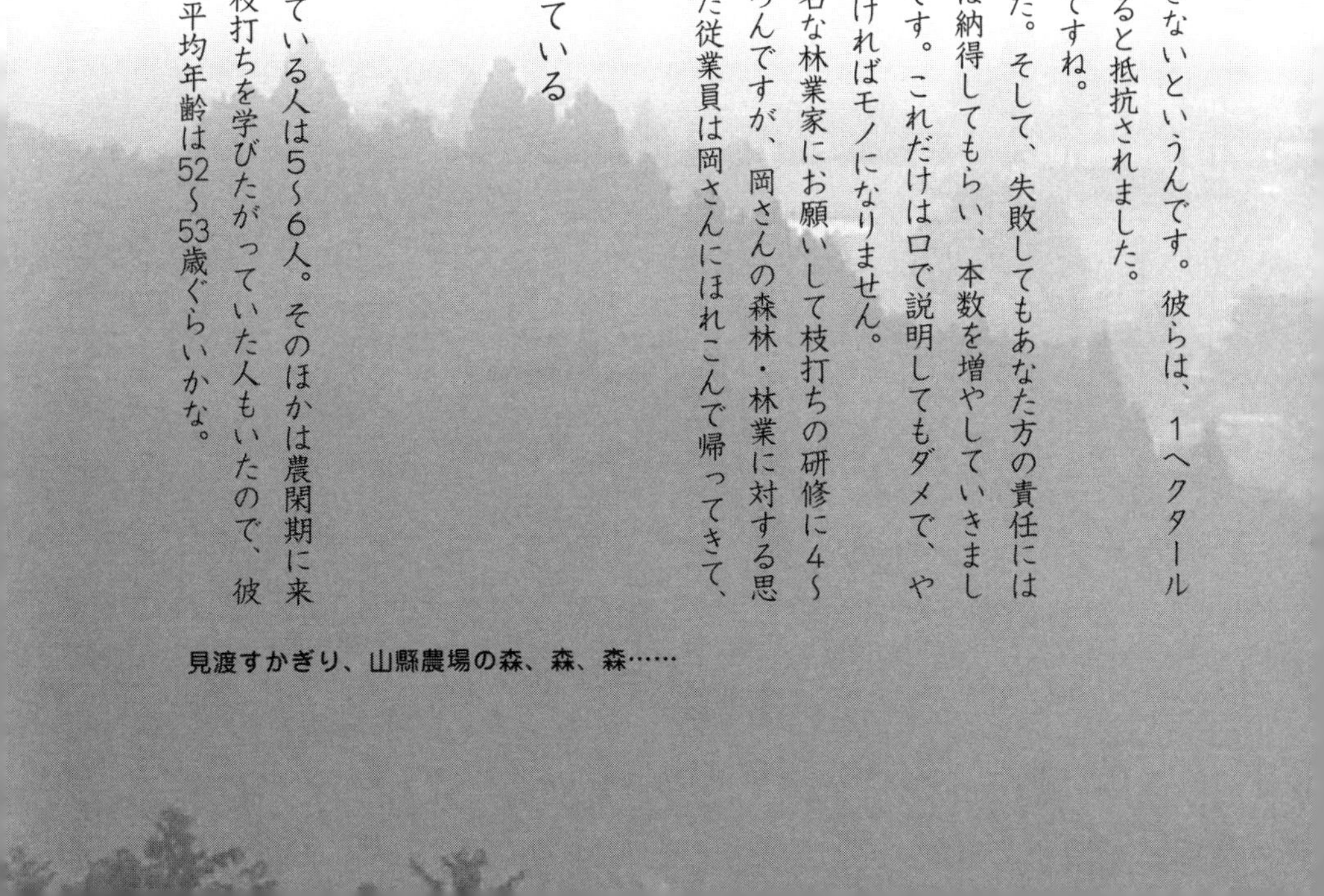

見渡すかぎり、山縣農場の森、森、森……

あん　周辺の森林にも影響をあたえたんですね。
山縣　そうかもしれませんね。
あん　枝打ちはこの周辺では一切してなかったわけですね。道具はどうされましたか？
山縣　道具が一番大切で、岡さんの紹介で土佐（高知県）の専門店のを使いました。
あん　写真でしか見たことないんですけど、上まで枝打ちするのは、見るだけでハラハラするような危ない仕事ですね。
山縣　慣れれば危なくはないのです。慣れた人ははしごに登って、その上は縄ばしごを使いますが、ベテランになると身軽に登っていきます。
あん　みなさんスピードも早かったんでしょうね。
山縣　わたしは「枝打ちはスピードではない。1日に何本打ったかは問題ではない。1日のノルマは問わないから丁寧に打つように」と申しました。打ち方の上手下手によって、将来その木の価値がちがってきますからね。たとえば、打つ横の根元にむかって幹と平行に刃物を打ちおろさなければならない。伐り口がギザギザだと跡がのこる。そうしますと、さし枝といって、ちいさい枝状のものがでてくる。幹から直に葉っぱがでるんです。これはのちに伐採をして、製材をしたときに跡がのこってしまうのです。きれいな肌にならないのです。
あん　現場との対立をのりこえたんですね。
山縣　対立ではなかったんですが。ほとんどの人は、わたしのいうことを聞いてくれましたよ。
あん　現場主義ですね。
山縣　当時はわたしも毎日、山へ行きました。5年間ぐらい。400ヘクタールの山が、今は全部頭にはいっています。

ただ植えて育てるのではない、「考える林業」

山縣　ここが34年生のヒノキの枝打ちをした林です（次ページ写真）。先ほどお話したように、はしごで登っていって枝打ちします。だいたい、地面から6〜7メートルくらいの高さまで打ってあるんです。京都の北山では、もっと上まで打っていますけれど、そんなに打つ必要はない。6メートルというのがひとつの基準で、3メートルの丸太が2玉とれる長さです。1階分の柱の長さが3メートルですから、6メートルの丸太ならば2階の柱になります。2階柱になりますと、先のほうはやや節があってもかまわないのです。2階は、客用のお座敷ではなく、寝室とか個室をつくるほうがおおいですから、1階のお座敷に使う柱に枝が打ってあって節のない材料を使ってあればいいということなんです。日本家屋を建てる大工の棟梁《とうりょう》には、やはり材料にこだわってよい家をつくりたい人がおおく、〝無節の柱〟にこだわっていたのですね。

　この林のなかで、もしこれから伐るとしたら、これなんかとてもいい木です。まっすぐで、まん丸で節がない。見あげるとよくわかります。日本人の独特の美学ですね。昔から大工の棟梁《とうりょう》が要求したわけですよ。だから昔の建築様式が今も伝承されて、その材料となる良質の木をわたしたちが一所懸命つくっているわけです。

あん　山縣さんが目標にしている21世紀型の森林の育成には、昔の宮大工の哲学もはいっている。おもしろいですね。やっぱり未来にむけて、過去のよいものも織りませていくってことなのかな。

山縣　森をつくるということは、一朝一夕にはいかないんですよね。まして工業製品みたいに機械に通せばできあがるものとちがいます。100本あっても100本全部が100パーセント良いとはかぎりませんでしょ。そのなかの数本、1割かそこら、とても良いものがとれる。これが何十年かたてば、今まだ未熟な細い木がまたおおきくなるから、その時点で何十パーセントか良いのが育つ。

そういうことを考えますと、気象、天気、台風、大雨、そういうものみんな考慮にいれないといけないんです。それをのりこえて、どんなものができるのかしらって。わたしよく申しあげるのは、ただ漫然と植えて、漫然とおおきくしているのではなくて、ここの山はこういう林にしようという目標をもって育てているのです。

あん 最初、素人としてスタートして、ネットワークのなかからいろいろなアドバイス受けながら、現場に生かしていくなかで、自分が目指す森、そのイメージがわきはじめたのは、スタートしてから何年目だったんでしょうか?

山縣 そうですね。枝打ちのグループを派遣したり、自分もあちこち見せていただいたり、頭のな

枝打ちされたヒノキの林。枝打ちの技術は愛媛や三重など林業先進地域に学んだ

かでいろいろ考えましたね。そのころわたしは、「考える林業」と称していました。考えて育てる。ただ木を植えて、何年たてばおおきくなるっていうんではなくて、目標を立てて、それにむかって進むためにどうしたらよい方法かを考えながらです。で、もうすこしあとで、「儲かる林業」。世襲で林業をついでいる方々は、昔かたぎの旦那さまがおおく、儲けることを考えない方がおおかったためです。

今はちょっとちがってきました。林業経営とは経済活動でもあると自分では思っています。ただ育てているのではなくて、切り盛りして収支をあわせているわけですから。経済活動ということは、趣味で森を育てているのではなく、やはり利益の追求ということがある。また、環境問題のために森をつくっているわけではないですし。だから、いかに省力化して経費をすくなくし、いかに利益をあげるかということを、このごろは一所懸命考えています。良い木を育てるだけではなくて、その木をいかに売るかということも大事。

あん　最近、企業のなかには、森を守ることを「環境意識をもっている」といって、コマーシャルの売り物にしているところもあります。山縣さんは、森林を環境という視点よりも経営者としてとらえている。

山縣　わたしが全然、環境のことを考えないみたいですが、ちがうんです。結論としてわたしは環境に貢献していると思う。わたしの祖先がはじめた森林なんですけど、そのころは環境のことを考えていたかどうかわかりません。けれど、つぎつぎとちいさい木を育て、空いた所には木を植えて、またおおきくするということを繰り返しているうちに、やっぱり環境問題とどうしても結びついてきます。

森林の木のおかげでひとりでに湧き水が流れる。水源の森です。さっき召しあがったお茶はうちの山の湧き水です。自然と共生するという言葉があるように、シカもクマもでてくる。いわゆる人工林は悪といわれていた時代があるんですけど、わたしはそんなことないと思う。日本国内の自然林というのは、ただ自然に芽生えてきた木をそのまま自然にまかせておおきくしたのではなく、ある程度人手をかけて、天然の林を守っているのです。そのほうがいい林になるわけです。わたしはそれに近い林をつくりたいと思っています。最後にご案内します100年生の林には、おおきなスギがうっそうと茂っており、その下に広葉樹がいっぱい生えています。鳥が来ますし、いろいろな草花も咲きます。

サクラは山の神の象徴

あん (客室に飾られた山縣さんが描いた日本画を見ながら=次ページ写真) このサクラの絵はすばらしいですね。個展を開かれたことが?

山縣 はい。わたし、サクラが好きで描いているんですけど、サクラの語源をご存知? 研究している方に教えていただいて、なるほどと思ったんですけど、サクラの「さ」というのは、山の神なんですって。で、「くら」というのが、「坐る」という字。山の神と農業の神が降りてきて、田んぼにおすわりになるという意味、それでサクラなんですって。だからサクラは山の神の象徴であるということ。だから「さ」のつく農業行事がいろいろありますね。この辺ではね、早苗餐《さなぶり》(編集部注=田植えの終了後におこなわれる田の神を送る神事。神が植えつけの終わりを見とどけて、天に昇り帰るものとされる)とか。早苗《さなえ》っていう言葉も「さ」がつきますでしょ。やっぱり神さまなんですね。田んぼの神さま。感謝の気もちをあらわしていろいろご馳走をつくっ

春爛漫《らんまん》（80号）　山縣睦子作

て差しあげたり、みんなで食べたりするんです。田植えのまえに、田にサクラの枝を挿して豊作を祈ったそうですし、サツキ（5月）もやはり神が田に降りてくる月を意味するとか。

あん　サクラのどういうところが好きですか？

山縣　日本にはサクラの木がいっぱいありますね。公園にも、自然の山のなかにも。冬が終わって春になって、一番はじめ、野原いっぱいちいさなお花が咲く。そして、サクラの便りが南から北へとあがってくる。里のサクラもいいんですが、山のサクラも好きです。サクラの木は古木になりますと、幹に古武士のような味がでてきますね。だからサクラの古木が好きなんです。わたし、生まれたのが新潟なんです。雪国ですから、雪の溶けた春になって一斉にいろんな花が咲くんですけど、まずサクラなんですね。春になったという喜び。なんとなく気もちが華やいでくるわけですね。

あん　わたしもカナダ人で雪国の人間です。マニトバ州という内陸の平原地帯なんです。おなじ雪国であってもカナダの春は一斉に、急に来て、急に終わるんですね。日本の場合、たとえば、仙台は、東北といっても、わりと南のほうなんですが、ゆっくりと春が来ますね。

山縣　そうかもしれませんね。日本海側と太平洋側に分かれていて、太平洋側がそういう感じなのですね。日本海側の冬はあまり晴れる日がなく、一面に暗い空が広がっていてね。秋田、山形、新潟は、冬が終わって雪が溶けると、一斉に花が咲きますからね。わたしの山のある、この辺は太平洋側ですけど、平地でなくて標高が高くて、わたしの住居で350メートルあるんです。この辺も春になると、ウメ、ツバキ、モモ、サクラが一斉に咲くんです。農家の庭先は、どこの家でも花木がありますから、「春がきた」喜びでいっぱいになります。時期が重なって、ナノハナやスミレも一斉に咲きだします。縦に長い日本では、南の鹿児島

まっすぐに伸びた35年生のヒノキのまえで

から北のはずれまで、春がゆっくりと移動する感じですね。

あん　北海道から沖縄までを「日本」でひとくくりにしてしまって、「日本の春は」というわけにはいきませんね。

「木を育てるというのは
子どもを育てるのとおなじ。
守ったり、叱ったり、
母親が子どもを育てるような気もちと
似ている」——山縣

「木に対してきびしいですね、人間は。
そこまで完璧にならないと
いけないのかなって」——あん

育児と育林

(山縣さんの運転するランド・クルーザーで森林のなかへ。35年生のヒノキを見あげて)

あん　これは今まで見たなかで一番すばらしい（写真上）。

山縣　幹がまっすぐでしょ。

あん　ほんとに、日本を感じますね。こうやって枝を打って、まっすぐな木。

山縣　カナダやアメリカ、ヨーロッパといろいろな所に林業視察に参りましたけれど、わたしはやはり日本の林が一番好きです。

あん　でも手をかけすぎていると思いませんか？　それともこれくらい手をかけないと、いい森林は育てられないのでしょうか？

山縣　いえ、いい森林というより良い材木を生産するためにわたしたちは育てています。結果としていい森林になるわけですが。ただ、これだけ枝打ちも間伐もしてあれば、お日さまが樹間によくはいってきているんですね。

あん　でも伐りすぎて、太陽が当たりすぎるとまたよくない？

山縣　伐りすぎると風がはいるんです。空洞になったところを巻くんですね。伐るときもいろいろとまわりののこす木を考えたり、伐りすぎて穴を開けないようになどと配慮します。

あん　50歳で管理をはじめたときにくらべて、森に対する思いというのはずいぶんかわりましたか？

山縣　はじめは思いなんていう余裕はなかったの。林業の仕組みを覚えるのが先でしたから。林業と格闘しているうちにだんだん思いができてきました。
　木を育てるというのは子どもを育てるのとおなじ。育児と育林という言葉がある。林を育てる、子どもを育てる、どちらもおなじ意味の言葉、同義語じゃないかと思うんです。ちいさな苗木を植えて、だんだんおおきくなっていく、そのあいだに下刈りや除伐、ツル切りなどという育林の手いれがあります。木がおおきく育つために邪魔になる木や育ち遅れた木、曲がった木などを伐り捨てるのです。木を育てる人の心情は子どもを外敵から守っている母親の気もちとおなじです。動物もそうですよね。密林のライオンでも、外敵が来れば親がちゃんと子どもをかばって、守るでしょう。

あん　枝打ちという作業がありますが、これは、その木に対してひとつの制裁を加えているんですよ。ただほったらかして、好き勝手に枝を伸ばしているんじゃなくて、ある程度のセーブをする。ということは、子どもが勝手気ままにわがままをしようとするときに押さえたり、叱ったり、母親が子どもを育てるような気もちと似ているような気がします。

山縣　そうすると、やっぱり木がいとおしくなりますよね。

あん　いとおしくなりますね。間伐するとき、林のなかで1本1本の木を見て調べ、どれを伐るかの印をつけるんですが、はじめのうち、ちょっとためらいました。せっかくここまで育てたのに伐ってしまうのかしら、なんて思いましてね。そうしたらある方にいわれました。林のオーナーが間伐の印をつけたらダメだと。ためらう気もちがでるんですね。人にさせたほうがいいっていわれました。でもやっぱり人にまかせられなくて、今でも自分でしています。一番大事な作業ですから。どれをのこしてどれを伐るか、将来の林の姿を考えながら選ぶのです。本数で決めるわけではないですから。これはどんな材料がとれるかな、なんて考えながら印をつけます。

山縣　ほんとに、見事にまっすぐなヒノキ林ですね。

あん　ここは、2段林といいます（117ページ写真）。上におおきい木があり、その下に林齢の若いちいさな木がならんで上下2段になっています。下木の葉っぱの先を見てください。若い芽がつんつん伸びてますでしょ。あれが夏に伸びる、夏芽といって、今年［2002（平成14）年］伸びた穂先です。この木はちゃんと成長しているという証明になるんですね。

じつは、この林は下木を植えてから5年目くらいで成長が止まってしまったことがありました。

あん それはどうしてですか？

山縣 上のおおきな木が枝を張っていましてね。お日さまの光がはいらなかったわけなんです。そのため、下木の穂先の成長が止まってしまったんです。それで、陽光をいれるために、上木の枝打ちをしてもらったんです。効果てきめんでどんどん伸びてきました。

あん 人間がたまにはいっていってちょっと手いれすることによって、育ちがちがうわけですね。

山縣 そうですね、それはずいぶんちがうと思いますね。「オーナーの足跡が最良の肥料である」という言葉があるくらいですから。この林はもう25年くらいたつんですけど、このちいさい下木、普通の林の25年でしたら、もっとおおきくなっているはずなんですけれど、これは2段林で上におおきい木があるので、成長が遅いんですが、それだけ密度の濃い年輪ができていると思います。

あん 2段林を実際に見るとわかりやすいですね。

自然に配慮した林道づくり

あん 林道を舗装したりはしないんですね。

山縣 舗装すると雨が地面に浸みこまないで、路面の上を雨水が流れ、傾斜している林道は、川のようになって、崩れの原因となります。大雨の場合、おおきな被害となります。

あん 日本を旅するときに、山間の道を探して通ったりするのが好きなんですが、林道と名のって上に成熟した木（上木）があり、下に若い木（下木）のある林を２段林という。山縣さんが 1977（昭和 52）年に、間伐で林間が広く空いた、当時約 50 年生の林を実験的に２段林にした。おなじ林齢で育っている一斉林にくらべて、上木がかぶっているために下木の生長が遅く、芯に近いところの年輪幅が狭くなり、丈夫でつやのいい材木になる。また、上木のせいで日当たりが悪くなるため、下木の下刈りや枝打ちの作業が楽になるメリットもある。

いる舗装された道がおおいんですね。

山縣　あれは村落から村落を結ぶ林道、人びとの生活のための公共の道です。ここは、うちの山のなかだけ通っており、通りぬけができないんですね。うちで管理していますので、舗装したら舗装の費用よりもあとの始末が大変です。

あん　じゃあ、林野庁は林道のつくり方をまちがっているかしらね。

山縣　いえいえ、公の道やおとなりの村落へ行く人が通る道、毎日の生活道になっているところは舗装している。そうしないと、とても管理が大変なんだと思います。車の通行量がおおいですから、舗装道路は、わきを水が流れる側溝が掘ってあるんですね。側溝は、木の枝が落ちたり、掃除したりするだけでも結構大変。わたしのところは、舗装していないために雨は土中に吸いこまれて、地下に浸透して、末は谷川となるのです。林道の上を流れる水は、林のなかにひとりでに落ちるように斜めに溝が切ってあります。

あん　自然にまかせておいたほうがお金がかからないし、環境も守れるということでしょうか？

山縣　そうでしょうね、本当はね。だけど、こういう道をつけること自体、自然ではないわけですよね。人間が、ことに車が通るために道をつけている。だけど道をつけなければ手いれもできないし、林道や作業道というのは必要なものですから、いかに環境を壊さないで自然に即した道をつけるかということですね。

あん　カナダのブリティッシュ・コロンビア州で、とくに環境保護団体が問題にあげているのが、林業は木を伐採しすぎているだけじゃなくて林道もつくりすぎている。その林道による水汚染問題がものすごく注目を浴びているんです。ここのは水の流れに配慮した林道づくり？

山縣　水の流れに配慮しているほか、地形や森林の形態に配慮した林道の設計もしております。林道を通すときに、谷川を渡らなければならない場合、橋脚を川のなかに建てたり、トラックや大型機械が通るための橋は、しっかりしたのをつくらないといけない。うちは最小限の方法を用いてつくっています。ちいさな谷川を渡るための「洗いごし」というものです。

橋脚のかわりにヒューム管をおいておくんです。水道や下水を地面に通すときに埋めるおおきな管を水の流れに対してたてにおくと、水はその穴のなかを通る。その上に、ちょうど道とおなじ高さにコンクリート板などを渡せば、そこを車が通れます。もっとも、これはちいさな川にしか架けられませんが。

安すぎる木材

山縣　良くない木とはどんなものかというと、第1の条件は、幹が垂直に立っているか、曲がりがないか。第2は外皮の状態を見ます。強風で揺られると外皮に横縞ができる。これは幹全体が揺すられたために、中身の材質にも影響します。木の繊維が切れてしまうのですね。第3は、幹が真円か否か。楕円形は価値がさがります。

あん　木に対してきびしいですね、人間は。なんか木はある意味かわいそうな気がするんですけれど。そこまで完璧にならないといけないのかなって。

山縣　優等生でないとね。

あん　みんな優等生、東大生でなければもう切り捨てるぞっていう。

山縣　ここは東大生も劣等生もみんな一緒になってますでしょ。

あん　山縣さんの森はバランスがいい。よく日本ではスギばかり植えていて、それで森をダメにしたっていう。

枝打ちも、間伐もていねいにされた35年生のヒノキの林。まっすぐな幹がならぶ

山縣　スギばかり植えて……ということは、戦後、「植えよ、増やせよ」のお上の命令で、人工林をつくりすぎたことをいっているのだと思いますが、若い林ではスギ、ヒノキをよく育てるために、まわりに自然に生えてくる広葉樹を伐ってしまいますが、人工林も１００年たつと、広葉樹と一緒に仲良く、おたがいに共生しながら、混交林ができてきます。ここの高齢林が良い見本だと思います。

あん　（太い１００年生の木のまえで＝１２２ページの写真）このスギの木１本、今の相場だといくらくらいなんですか？

山縣　売り方によります。たとえばこの木、根元から一番下の枝まで22～23メートルあると思いますね。マニュアルどおりに造材すると、一番太い部分は４メートルに伐って、そのつぎも４メートルに伐る。これは板をとるための材料になるのですが、一番下の玉が１立法メートルあたりいくら、と相場が決まってくるんです。

　もしわたしだったら長尺ものをとります。このごろ、あまり需要がないんですけれど、桁材といいまして、昔のおおきな木造の家にある、ガラス戸や雨戸の上や縁側にずーっと１本の木が横に。

「皮むきの手伝いをしたので……」

あん　うちもほしい、1本ぐらい。そうするとどれくらいになるんでしょうか？

山縣　今から10年くらいまえに、そういう注文があってだしたときに、30万くらいになりましたね。30万から50万くらい。1本ですよ。

あん　そんな安いんですか？

山縣　山元では安いんですが、製材をして製品になると何倍かになるようです。

あん　だからもとはとれないんですね、年数で考えると。カナダから輸入すると12メートルの尺上《しゃくかみ》（直径30センチ強）ものの丸太材1本が6万円くらいなんですよ。ちょっと値あがりして。もう熱帯材の値段なんて推して知るべしですね……じつは、わたし、信州・黒姫富夢想野舎の仲間たちが、全部で8棟の丸太小屋を1万2000坪の原野・山林のなかに自分たちの手でつくったときに、丸太をカナダから直に輸入する手はずをととのえたり、その皮むきの手伝いをしたので、聞きかじりの知識ですが、輸入物の丸太材については結構、詳しいんです。

山縣　そうですか、それは知りませんでした……今、FSC（森林管理協議会）などから森林の認証をとりませんかっていわれているんですが、まだ考え中なんです。

あん　どうしてですか？

「あれがスギの100年生よ」

山縣　日本でFSCの認証第1号、三重県の速水林業さんにお話を聞きましたら、大変な労力とお金がかかるそうです。人手不足の今日、なかなかそのために労力を使えない。だから国際版FSCではなく、日本版認証制度をつくろうという動きがあるんですね。それにむけて準備したいと思います。

夢の森づくり

あん　山縣さんは広葉樹の森をつくるための「彩の森」と名づけた植樹祭をご自分で行っているんですね。

山縣　「彩の森」はわたしの遊び心からの発想です。山中にはいると経営者としての思いばかりつのり、のんびりと自然に親しむ気もちになれません。天然のアカマツ林が松喰い虫におかされて全滅した跡に、わたしの夢の森づくりをはじめました。色とりどりの広葉樹を都会と田舎の人びとに交流をしながら植樹してもらっています。今年［2002（平成14）年］で6回目を迎えました。

「森林が水源であるとか、
人の心を癒《いや》してくれるとか、
理屈は知っていても、森林を育て、
守っている人たちのことまで
考えがおよばない」——山縣

「一次産業をささえている人たちは
プロですよと、いう認識が
もうすこしあってもいい」——あん

森林とともに半生をすごしてきた山縣さんと日本の農漁村でフィールド・ワークをつづけるあんさんの対談の3回目。女性の生き方からはじまって、日本の林業の現状、そして森林を育てる人びとの思いをつたえていくことの大切さと、話題は広がっていきます。

１００年先を見る者が木を植える

あん　山縣さんは人間としておおきいですね。１００年後のビジョンが頭のなかに浮かばない人は、基本的に山林経営なんてできませんね。

山縣　「１年先を見る者は花を植え、10年先を見る者が木を植え、１００年先を見る者だけが人をつくる」という故事がありますが、わたしは10年どころか「１００年先を見る者が木を植える」といいかえたいですね。

東京とここ（栃木県矢板市）とを行ったり来たりしているんですね。1週間ぐらい山にいて、東京に行きますでしょ。山の人間として東京を見ている。また今度こっちに帰ってくると、今度は都会人が山を見ているような感じになるの。傍観者、第3者的立場で見るから新しい見方ができる。だからわたしはバイリンガルではありませんが、ハーフ都会人、ハーフ山人ですね。それは体力的にくたびれますけど、自分にあたえられた生き方なんです。それもあって、いろいろな見方ができるのかなと思いますね。ずっとここにいたら、やっぱり視野が狭くなるような気がしますね。

あん まねしているわけでもないんですけど、わたしもベースは田舎（宮城県大崎市松山）なんですけど、週1回は東京に行っています。自分にとっては、都会の充電はあると思うんですね。

山縣 充電という言葉はいい言葉ですわ。わたしも充電しています、東京で。東京だけではないんですけどね。

あん また山の充電もあると。

山縣 それはまた別の意味でね。

あん わたし、女性の生き方に対して非常に興味があるんです。50歳まえの自分と50歳後の自分と、いろんな事情が急にかわって、生き方がかわっていく、それはいうまでもないことですけれど。

山縣 わたしは主人を亡くした直後の50歳から60歳までの10年間というのは、本当に無我夢中でした。このごろになって落ち着いてきました。振り返ってみますと、娘時代の、結婚するまでの自分。それから、結婚して、子育てをし、妻として主人のそばにいた自分。主人が元気でいた30年間くらいは、なんだか地に足がついていない。今思いだしても、一体、わたしなにしていたのかしらというような、気もちのうえで、ふわふわしていましたね。当時は自分でなにも決定しなくても、ちゃんと物事は運んでいきました。今は自分でなにか物事を決めないといけない立場になっていますのでね。どちらがいいとか悪いとかではなくて、20年くらいの娘時代の歴史があって、その後30年くらいの結婚生活という自分史があって、その後の今の自分がある。そのとき、そのときで自分の体のなかというか、自分に蓄積されたものが積み重なってきたんだなと思います。

あん　最初怖かったんですか？

山縣　怖いというより、どうしていいかわかりませんでした。まず一番こまったのは、物事を決定することね。それまでは、旦那さまから家計費をもらって家計をやっていればよかった。お金のことだけではないんですけれど、経営者の立場になったら、山の仕事でも、自分で判断して自分で決定して指示をださないといけませんでしょ。それが一番大変でしたね。わたし、昔の日本の女ですから、独立するというか、独りで歩くという教育を受けていないもんですから。「幼くしては親に従え、嫁しては夫に従え、老いては子に従え」。まだ子に従ってないんですけど。でも、やっぱりしなければならないとなったら、なんとかやれるもんですね。

北米の大規模な森林とはちがう日本の森

あん　この辺で山火事はでるんですか？

山縣　わたしが跡をついでからはないんです。山に人がはいると、なにが怖いといって、火事が一番恐ろしいですね。

あん　アメリカで、いろいろな所で今大変な火事があるんですけど、人災によるものがおおいんです。自然の火事もありますけど。

山縣　10年くらいまえ、カナディアン・ロッキーの奥のほうに視察に行きましたときに、山が一面焼けているんですよ。そしたら、これは自然発火だっていっていましたけれどね。案内してくださった州の林務専門の方から、「これがあるから新しい芽がでてきて更新するからいいんだ」っていう話を聞いたんですね。やっぱりカナダは広いなと思いましたね。日本はそんなこと、いっていられません。山火事が起きたら防ぎようがなく、どんどん燃え広がりますから。

あん　日本からカナダを見るとときどき、ちょっとイージーにやりすぎていて、どこかで行きづまってくる部分があるかもしれないと思うことがあります。広すぎて無限に資源があるから、「よし、すこし汚染されたっていい」とか「山火事があっても、まあいいかな」って。
　面積があれほどおおきいと、そうでないとやっていられない部分もあると思うんですけど、もうちょっと遠慮しながらの資源管理があってもいいんじゃないかなと思うとき、ありますね。たとえばカナダのブリティッシュ・コロンビア州からいろいろな木材が日本に来ている。1年間20万ヘクタールの面積の森が伐採されているんですね。あれを毎年毎年、永遠にやっていいのかなと思います。

山縣　伐採してもひとりでに生えてくる木もあるんです。森林が世代交代するんですね。スギ、ヒノキは、それができないですけど。

明治時代には荒地だった山縣農場

あん　道すがら、なぜ山縣有朋公がこんな所に森を買ったのかって話してきたんですけど、なにか理由がありますか？

山縣　森を買ったんではなくて、農場を開いたんです。政府が那須野が原一帯の払いさげをしたんですね。当時の明治政府の高官の方々が、政府の払いさげを受けて、荒野を農地に開墾するため、それぞれ農場をお開きになりました。青木農場、毛利農場とか、三島農場など。うちは明治初（１８６８）年に、有朋が日本陸軍の創設のために、プロシアの軍隊を視察に行ったときにドイツの田舎で貴族農場を見たんです。それをまねて、ああいう形態の農場をつくりたいというのが念願で。

あん　林業やっている人がどうして「山縣農場」なのかと思ったんですけど、明治時代そのままの名前で、そのままのこっているんですね。

山縣　のこっているんです。地名が山縣農場となってのこったのですね。当時、この辺一帯、荒地だったんです。「篠原も畑となる世の伊佐野山　みどりに籠もる杉にひの木に」という山縣有朋の歌があるんですけれども、木もなんにもはえてなかったところや、雑木林だったところが、開場して何十年目かに、スギやヒノキの立派な林にかわっていたという感慨をこめた歌なんです。水もなく、荒地だったところを、みんなで苦労して開墾した。炭を焼いたり薪をつくったりして、雑木を伐ったあとにスギの木を植えた。だから、うちの裏山は植えて１３０年くらいのスギ林なんです。すこしずつ植えていったわけです。まわりの田んぼや畑は全部、明治時代に今ここに住んでいる人たちの祖先が開拓した農地です。

あん　山縣公は100年後を夢見ていたのですね。

山縣　100年後に理想郷の実現を夢見たのでしょう。わたしはやっぱりそういう歴史を守りたい。

あん　農地解放についていろんな見方があると思うんです。農地解放の理想はすばらしい。でも、結局農業をダメにしたという意見もあるんですよね。で、農地解放のときには、山のほうは触らなかったんですね。それは、よかったと思います。

山縣　農地解放がプラスかマイナスだったのか、わたしはわかりませんけど、じつはわたしのうちは農地解放にあってないんです。昭和9(1934)年に「自作農創設」という事業を実行し、開拓民としてここに移住してきた人たちに開放したのです。戦後の農地解放の制度のときには、山林だけがのこっていたのです。

森林を守るのはプロの仕事

あん　日本の国土は7割くらいが森におおわれているという数字があります。農業というと身近に感じる人たちがまあまあおおいと思うんですが、森が豊かな国なのに、林業というと、もう非常に別世界になっていくんですね。山にはいって仕事しなくても、ある程度国民ひとりひとりが森に対する関心を高めなければいけないというのはあるんでしょうかね。それとも関心は別にもたなくても管理している人たちが、きちんと管理していけばいいのでしょうか？むずかしいですね。森に対する国民の関心を高めることは、とても大事だと思います。

山縣　わたしたちオーナーの力だけでは、かぎりがありますから。あんさんがおっしゃるように、農業や農作物には非常に関心が高い。農作物は直接、わたしたちの口にはいり、体の健康のもととなるものですから。それにくらべ森林・林業はまだまだですね。森林が大切なこと、水源であるとか、空気を清浄にする機能があるとか、森は人の心を癒《いや》してくれるとか、理屈は知っていても、その森林を育て守っている人たちのことまで考えがおよばないんですね。

このごろね、森林ボランティアがはやっている。東京近辺におおいんですが、ほかの仕事をしていらして、土曜日曜に森の手いれのボランティアに行くという方がある。その方たちはそれで大変立派だと思います。けれどあの人たちが森を守っていると思われてもこまるんです。わたしはプロ、本職が守っていると思っています。やっぱり、なんでもプロがちゃんとした仕事をしないと、できませんよね。農業もそうだと思います。

あん　わたしも長年にわたって農業実験をやっているんですけど、素人の都会人がはいってくることによって、生産量に響きますよね。林業もおなじでしょうけど。

山縣　わたしにいわせると、受けいれ態勢を整えるほうが大変なんです。イギリスでは、ボランティアが、全部自分の自費で、手弁当でボランティアをしに行く。ところが日本では、森林のなかをきれいにしてあげて、ときにはお茶やお菓子を用意して、そこにボランティアがはいってくるのね。都会の人だから、あんまりヤブだらけでは、はいれないでしょ。きれいにしておいた所にはいってきてちょっとやっていただく。朝10時ごろ山にはいって、午後は2時か3時で終わり。うちの仕事をする人は7時半には山にはいって、帰ってくるのは5時です。そういう人たちがする1日の仕事と、都会の人がちょっと来てちょっとお手伝いというのは、全然ちがう。山の人たちのことは全然マスコミにはとりあげられてなくて、都会のそういう人たちが非常にもてはやされる。本当に森を守っている人たちは、陰に隠されてしまっています。

あん　関心をもってくれるのは、なによりありがたいことだと思うんですよね。どういう形が望ましいかというのは、日本だけじゃなくて、まだ模索中のような気がするんですね。
山縣さんは、森林と都会の女性を結ぶ「MORI　MORIネットワーク」というおもしろい活動をされていますね。

山縣　このネットワークのできた由来は、都会に住む女性の人たちが、毎日の生活のなかに自然が失われてきたことに対する危惧《きぐ》と不安から、自然ののこされている山村、森林を知りたい、そこに住む女性と交流し学び、おたがいの知恵をだしあって、より良い暮らしを目指そう、という意図ではじまりました。７年まえの設立時に当時衆議院議長だった土井たか子さんから「女性の知恵と感性を生かして都市と山村の良い交流活動を」とはげまされました。10人の運営委員の半数は都会のキャリア・ウーマン、半数が森林にかかわっている女性ですが、都会の感性と企画力と、山村の女性の個性とパワーが相まって、今まで全国を縦断していろいろな活動をし、交流をつづけています。ちなみにMORI　MORIとは元気の良いさまをあらわすモリモリと、森林をかけて名づけられました。毎年、わたしの森林で「彩の森づくり」というイベントを催し、１００人くらいの参加者が集まって盛りあがって楽しい１日をすごしています。あんさんも、ぜひおでかけくださいませんか？

あん　わたしは林業にはまったく無知な人間なんですけど、農村と漁村もずいぶん、日本の海岸線の北海道、四国、九州、６割［２００７（平成19）年7月現在、８割］をまわって、漁村にはいって漁師たちと話したり、ホーム・ステイもしたりしているんです。
日本の社会における一次産業の位置づけにも問題があるような気がするんですね。一次産業の人間たちは、学歴がないので、プロあつかいされていないような気がするんですね。

だけど、一般国民が、一次産業をささえている人たちはプロですよ、という認識をもちはじめたら、わたしはまたかわるような気がするんです。

背広にネクタイして、名刺があれば、それはちゃんとしたプロの人間というのではなくて、ちゃんと仕事をする人間はプロであるという、認識がもうすこしあってもいいんじゃないかなという気がするんですね。

山縣 そうですね。うちの仕事をしている人たちは、自分ではプロだと思っていますよ。だから、人になにかいわれたらものすごく反発しますね、仕事のうえのことで。気概があるんです。ただ昔からいるおじさんたち、今はもうおじいさんですが、そういう人たちはそういうことを発信する術《すべ》がないんですよ。自分では認識をもっているし、立派な仕事をしていると思っていますけれど、外に対してそれを発信できないでしょ。だからわたしがかわっていろいろな場で発信しているのですが。

あん 役割分担で。

森もわが子みたいなものです

あん 山縣さんがここまで森を守るために情熱をそそいでいるのは、そういう部分をもともとの血のなかに原体験としておもちなのか、山縣有信さんに会われてからなのか?

山縣 戦後に結婚したんですけど、主人は戦争が終わって、フィリピンに抑留されて、終戦後1年たってから帰ってきたんです。帰ってきたら父が亡くなっていたんで、急きょ跡をついだわけですね。農場主としての責任を果たすべく、こちらへ籍も移しました。そこへわたしは嫁いできました。そのころから東京とのあいだを行ったり来たりはしていたんですが、わたしは林業のことは全然知らなかったし、わたしが手をだすこともありませんでした。山に行くといっても遊びに行くくらいだったんですが、もともと田舎が好きなんですね。

あん　そうでないとたぶん。

山縣　ただお友だちがだれも近くにいませんし、わたしの主人はその当時、「殿さま」って呼ばれていたんです、従業員の人たちに。

あん　わたしが今、住んでいる城下町でも、年配の方、60、70、80の方は今でも「殿さま」というんです。

山縣　家来ではないんですけど、昔から「だんなさま」ではなく「殿さま」という呼び名だった。で、わたしは「奥さま」で、そういううちだったもんですから、全然普通のご近所とのつきあいはしてないわけですね。だからわたしは本当に親しいお友だちはいなかった。そのかわり、主人をすごく頼りにしました。むこうもたぶんわたしを頼りにしたと思うんですが。

そうしているうちにわたしは絵を描くことが好きですから、まず風景としてまわりを見てしまう。景色というのはイコールここの森ですよね。主人が急に亡くなって、ぼう然としているときに、目のまえに森があったわけです。ほんとにぼう然としていました。どうしていいか、なにから手をつけていいかわからない。でも、ひょっと見渡すと、うちの森があったんですよね。あの景色を守らなくてはいけないという義務感を感じました。森もわが子みたいなものですから、わたしは主人ののこした子どもをちゃんと育てようという気もちが起きたのですね。「はじめに森ありき」という言葉がありますが、わたしのスタートがそれでした。

だから、もともとわたしの血のなかにそういう原体験があったんでなくて、自然に環境で

あん　つくられたと思いますね、結婚してから。結婚するまではのん気で、将来、自分がこんな立場になろうなどと思っていませんでしたから。
　わたしの父は今［2002（平成14）年］、69歳です。開拓でカナダにはいってきたんですけれども、大人としての自分を1度親に見せたかった。でも、人間はそういうぜいたくは味わえずに人生終わってしまうんですけど、ここで親と会えたらおもしろいですもんね。

山縣　わたしはね、親よりは、主人に見てもらいたいですね。

あん　「あなた、わたし、がんばったわ」って。

山縣　わたし、いつも苦労しているときに、あの世の主人に話しかけています。「おかげさまで苦労しています」なんて……。

あん　予期しない形で林業経営にはいりこまれて、亡くなられたご主人の精神的な遺産はありますか？

山縣　主人からもらった精神的な資産は、ものすごくあります。そうでなければ、今日こういうことをしてなかったかもしれませんね。たとえば、「つねにまえをむいて進む」「こうと決めたら最後までやり遂げる」とか。
　わたしは新しいものに興味をもつ性質なんですね。せっかくあたえられた林業という仕

事ですから、ただ守って、ただおいておくんじゃなくて、より良くしようと思うじゃないですか。より良い林というのは、95年生のものも良い林ですけど、あれは完成品。枝打ちをしたばかりの若いヒノキ林。できるかぎりの手いれをして、目的にかなった林をつくる、完成にむかう過程にある、あの林もわたしにはより良い林の見本です。あれは主人が植えて若いときからわたしが育てた林です。みなさんがほめてくださる林なんですけど、あれを見ると喜びがあります。経済的には大変ですが、それとは別に心を満たされるみたいな部分がありますのでね。

あん　わが人生に悔いなしですかね。

山縣　いえいえ。まだいっぱい悔いがあります。欲張りですね。

あん　これからもがんばってください。ありがとうございました。

[2002年（平成14）年夏、山縣さんの自宅と森林《もり》にて]

←広大な山縣農場を散策中のおふたり

山縣睦子（やまがた・むつこ）
1924（大正13）年、新潟市生まれ。県立新潟高女、三輪田家政女学院卒。1947（昭和22）年、明治の元勲山縣有朋の曽孫である有信さんと結婚。1974（昭和49）年、有信さんの急逝後、山縣農場（栃木県）の山林400ヘクタールの経営に携わる。専業主婦の視点から従来の山林経営を見直し、利用間伐などつぎつぎと新しい手法をとりいれ、持続可能な森林経営にとりくんでいる。山縣農場は有朋がみずからの理想実現のために、1886（明治19）年に栃木県那須野が原の西部（現・矢板市）に開場したもの。GHQが農地解放をする十数年まえの34（昭和9）年に自作農創設に踏み切っている。山村と都市の交流で豊かな森林の育成に貢献しようというグループ「MORI−MORI−ネットワーク」代表、（財）森とむらの会理事、（社）日本林業経営者協会婦人部会長、栃木産業（株）代表取締役、（財）山縣有朋記念館理事長。

石毛直道さん

「食べ物の楽しみはおいしさという快楽にある。
それを否定せずに新しい倫理をつくることが
問われているのです」

「今の日本の食文化はずいぶん豊かになった。ファースト・フードにコンビニ、そして《薬局食文化》」――あん

これまで食べ歩いた国は数えるのをやめてしまったほど、世界を「食いつぶしている」という食文化の研究者、石毛直道さん（対談当時国立民族学博物館長。現・同博物館名誉教授）。日本国内の農漁村でフィールド・ワークをつづけるあんさんと、現代の日本と世界の食のあり方について、体験をまじえてお話しいただきます。

異文化を受けいれるのに食は欠かせない

あん　自分は日本の食が好きだから日本に長くいられたと思います。長く日本にいられる在日外国人を見ると、共通しているところは日本食が好きだという点。極端ない い方ですが、途中で日本が嫌いになって帰る外国人、そんなに深く日本文化にはいっていこうとしない人には、日本食に対して厚い壁があるみたい。異文化入門の一歩はやはり食ですよね。そこの食にあわなかったら文化には、はいっていけないのではないでしょうか？

石毛　いくら異文化を理解しようと思っても、食べ物が自分の好みにあわなかったら長期滞在することができませんね。わたしはよく人にいわれるんですが、「趣味と実益が一致していいお仕事ですね」と。ところが趣味を仕事にすると決していいことではないんです。どこかの知らない社会の食について調べようと思ったら、レストランのご馳走よりももっと大事なのは、一般の民衆がいつも食べているもの。だけど、民衆がおいしいものを食べているとは、かぎらない。

ロサンジェルスの日本料理の文化人類学的研究という論文を書いたときに、40日くらいの

調査をしました。アメリカ人600人からアンケートをとったり、数十軒のレストランへ行って、お客さんやオーナー、シェフにインタビューをした。インタビューをしたあと、自分も食べる。食べながらノートをとり、写真を撮らなきゃならないので、食べる楽しみがない。
　インタビューした手前、日本流にのこさず全部食べることになる。調査の例数をなるべく稼ごうと思ったら、1日に4回くらい別の店に行く。

あん　やっぱり〝鉄の胃袋〟ですね。

石毛　1日の終わりになると、食べ物がここ（のど元をさして）までつまっている感じ。40日間というかぎられた日程のなかで、とにかく食べなきゃならない、一種の拷問ですね。だから楽しいことを仕事にしたらいけないと。

あん　以前ネパールの農村でタカリ民族の家にお世話になりました。ソバがでてきて、「この外人は食べるのかな」とみんな、わたしを観察している。そこでお世話になっているから、かならず食べなくてはならない。ひょっとしたらこれを食べたら、C型肝炎などの病気になるかもしれないという覚悟をしてはいましたが。石毛さんも、これまで衛生状態がよくない場所も含めていろいろな所を食べ歩かれたのではないでしょうか？

石毛　わたしはなんでも食べる人間ですが、もちろん好き嫌いはあります。自分の知らない食べ物を見たときには、材料があまり好きではないものでも食べます。しかし、一番心理的抵抗が強いものは、衛生上の問題。たとえば、インドネシア領のニューギニア高地で、第5性病というのがあります。ジャングルの葉っぱについている原虫が原因で、性器のあたりが膿《う》んだりただれたりする病気。第5性病にかかっているおじさんが、丸焼きにした豚を竹のナイフで切り分けてくれた。わたしに渡してくれるときに、膿《うみ》だらけの股のあいだで油だらけの手をぱっぱっと拭いて、渡してくれた。豚肉に膿《うみ》がべたっとついている。あとで食べるというと、みんなが豚みたいな貴重品は、今すぐ食べろ、食べろという。そういわれたら、食べなくちゃならない。

豊かさのなかで失われる食への関心

あん おいしい料理をあちこちで食べていらっしゃいますが、今の日本の食文化というのは、ずいぶん豊かになって、とくに東京にいれば世界の食べ物、なんでも食べられる時代になってきた。一方で、ファースト・フードも増加して、コンビニ食文化も普及している。最近、わたしが感じているのは「薬局食文化」です。

石毛 なるほど、おもしろい。

あん 薬局に行けば、カロリー・メイトをはじめ1日の食事をそろえることができる。とくに若い女性にはそういう傾向を強く感じている。味噌汁、焼き魚、おいしい米は伝統的な日本食の代表としてとりあげられるでしょうが、今の日本の食文化は実際のところではどうでしょうか？

石毛 今ほど食べ物をみんながエンジョイしている時代はありません。とにかく飢えている人がいない時代です。飢えている人がいなくなった時代というのは、日本の歴史はじまって以来のこと。失業だ、リストラだといっても、おなかを減らしている人はいない。しかし、豊かさのために逆に食べ物への関心をなくしているようなところがある。それから一方、食べ物をおいしさなんかよりも薬として食べるようになった。

食に対する欲求の順番は、最初はなんでもいいからおなかがいっぱいになったらいい、栄養よりも、とにかく空腹感を満たすこと。つぎが、もうちょっと上等の食材をということで、アワ・ヒエではなくてお米や魚を食べたいということになる。そのつぎには、おいしいものが食べたい。最後が体にいいもの。中国の王さまなんかもおいしいものを全部極めたあとは不老長寿のための薬としての食事になる。

あん　日本社会はそれにむかって滅びる寸前ということですか？　〝薬局食文化〟で。

石毛　第２次世界大戦の食糧難の時代からこれまでの、われわれの食の歴史というのはまさにそういう段階を追ってきた。今は健康食品志向ということで、われわれは中国の昔の皇帝とおなじ運命をたどっている。

あん　ある意味、すこし危機感をもったほうがいいですね。

石毛　そうですね。食べ物というのは、手がとどくところにある快楽なんです。人間は官能的な快楽ばかりを追い求めていては、神さまのことを忘れてしまうと、世界宗教では、禁欲を説いた。しかし、食べ物の楽しみというのは、おいしさという快楽にある。それを否定せずに、新しい倫理をつくることが問われているのです。

あん　日本の農村を歩きまわって、祭りなどのときに感じたのは、米の位置づけ。米は食糧でもあるけれど、ある種のシンボルでもありますね。

石毛　お餅というのはお米のエッセンス。米のひと粒、ひと粒に米の穀霊、つまりイネの神さまが宿っていると考えられてきました。それをつきかためたお餅というのは、カロリーが凝縮されて腹もちがいいというだけでなく、精神的なエネルギーをもつ食品とみなされた。だから、日本の祭りには餅が欠かせない。でも現在、あんまり餅を食べなくなってきた。それだけではなくて、行事にまつわる郷土食がなくなっている。よくいわれるのが、それは寂しいので、もっとそれぞれの地域の特色ある食べ物を復活させなくてはいけないと。しかし、郷土食という食べ物だけで考えてはダメ。やはり、お祭りをみんながさかんにしたら、お祭りの食べ物ももう1度復活するはずです。

うまみはアジア発

あん イベント的に盛りあげることで食文化を大事にするのもひとつの方法でしょうが、自分が一番好きなのは、実際に毎日食べられているようなもの。最近一番好きなのは漁村の「食」。漁村に行って、漁師の家でお母さんに「塩辛をつくっていますか？」と聞く。そういうのが一番好き。塩辛の博士論文を書かれた石毛さんがうらやましい。

わたしがはじめて塩辛に出会ったのは、五島列島であるお母さんが塩辛をだしてくれたとき。もともと好きだったんだけど、それまでは手づくりの塩辛を食べたことがなかった。こんなにおいしくて、多様な味をもつ食べ物があるのかと。

石毛 魚の種類によっても味や匂いがちがう。味噌や醤油とまったくおなじで、その家のつくり方で微妙にちがう。塩辛というと現在は酒の肴《さかな》ですが、以前はご飯のおかずでした。しかも調味料だった。漁村で、野菜を煮るとき、塩辛をいれた。そうすれば、味噌なんかなくても味がある。東南アジアでは今でもそう。わたしは、塩辛や魚醤《ぎょしょう》を三百何十種類も集めました。

あん どうして魚醤《ぎょしょう》を集めようと思ったんですか？　不思議なコレクションの趣味なのかしら。

石毛 あるとき、勘が働きまして、これはアミノ酸の問題だなと。集めた三百数十種類もの魚醤《ぎょしょう》のアミノ酸を分析したところ、驚くべき結果がでた。国がちがう、魚の種類もちがう、つくり方もちがう、においもそれぞれ個性がたくさんありますが、味についてはじつに単純な結果になった。塩味と、あとはアミノ酸で、すべてに共通するのはグルタミン酸。ですから、天然に醸《かも》しだされたうまみ調味料。

あん うまみは、それに当たる英語がないんですね。アメリカのジャーナリストが書いた『Fast Food Nation』という本のなかで、味覚には5つあり、うまみもそのひとつとして、ローマ字で「Umami」と書いてありました。これはアジアだけの味覚なのですか？

石毛 アジアだけではないんですが、学術用語として英語でも「Umami substace」と書かれます。コンブから抽出したグルタミン酸、あるいはシイタケからグアニル酸、カツオブシからはイノシン酸。そういったうまみ物質を発見したのは日本の科学者です。以前は味は塩からい、甘い、すっぱい、苦いの4種類といわれていました。唐辛子の辛いというのは味覚とはちがう。痛覚なんです。だから唐辛子は舌につけても辛いし、皮膚につけても痛い。4原味は、舌から脳につたわる。ところが、日本の科学者たちが、うまみ物質の研究をしたところ、舌から脳につたえられることを発見した。

日本がどうしてうまみについて研究したかというと、われわれが肉を食べなかったから。肉には油、脂肪がある。また肉がある所では牧畜がさかんで、バターがある。肉にはそれ自身がイノシン酸などのうまみ成分をもっているし、脂肪があると塩味をやわらげ重厚感をあたえる。ところが、日本では人びとが日常的に食べたのは野菜です。イモの系統で甘味のあるものはありますが、野菜の中心である葉っぱ類には味がない。そうすると、野菜になんとかうまみをつけようと、コンブやカツオブシ、シイタケといったダシと呼ばれるうまみ食品が開発されたのです。

「１度覚えた享楽を捨てて、
人間があともどりできるのか」
――石毛

「自分が食べているものが、
環境にどんな影響をあたえているのか、
豊かな社会になればなるほど、忘れてしまう」
――あん

石毛さんとあんさんは、学問上の〝師匠筋〟が、同系列であるせいか、なぜか気があう……とお見うけした。大先輩と後輩といった感じ……

わたしたちが1度手にした物質的な豊かさを手放すことはできるのか——人間の本質に迫る問いが投げかけられます。

食文化の裏にある環境問題

あん　20年まえに日本に来たときに、ファースト・フードは今ほどなかった。1988（昭和63）年にまたもどってきたら、「ひょっとするとマクドナルドなどファースト・フード店の数はカナダよりおおいのでは?」と思うほどになっていました。

食文化の裏には、農業や環境問題がある。食文化は環境破壊に結びついていることもある。たとえばハンバーガーを世界中の人に食べさせようと思えば、相当の牛が必要になる。アメリカだけではたりなくて、熱帯雨林を切って、森を破壊することになる。熱帯雨林は、表土が薄いのでそれほど長くもたない。つぎからつぎへと移動しながら、破壊していかなくてはいけない。

食文化を考えなければいけないという裏には、環境を考える必要もありますよね。

石毛　日本は江戸時代から都市はファースト・フードの世界だった。とくに江戸の市街は、それがすごかった。江戸というのは、お侍と職人の町。職人や商家の使用人は、江戸に単身赴任している。それから侍というのも、参勤交代で、単身。そうすると外食産業が発達する。

19世紀以前の世界で外食文化が発達したのは3地域です。ひとつは中国で、これは商業的な飲食業がはじまったのが非常に古い。もうひとつはヨーロッパ。たとえばレストランが増えるのはフランス大革命後、市民社会が成立して、その人びとが外食をする。日本では

18世紀なかごろ、ものすごく外食産業が発展する。

ファースト・フード都市・江戸

石毛　江戸時代の外食には2種類ありまして、ひとつはもてなし料理の場としての料亭、料理屋です。もうひとつは、手軽なファースト・フードに近い飲食の店、さっとはいってさっとでる。それから食べ物の露店が発達していた。外国の人にとって日本の代表的な食べ物であるてんぷらやにぎり寿司は全部、江戸のファースト・フードなんです。江戸の後期になるとお座敷で食べるてんぷら店ができましたが、基本的にてんぷらというのは屋台で、お風呂の帰りなどに食べた。それから、にぎり寿司も店で食べるよりたいてい屋台。それからソバも屋台がものすごい。江戸の市街には1町内に常店のソバ屋と寿司屋はかならずあった。

万延元（1860）年ごろの江戸の町で原料のソバの値段が高くなったことに対処するため、江戸中のソバ屋が集会をしたと記録にのこっている。3726軒の店が集まったが、これには、数のおおい屋台のソバ屋は参加していない。18世紀の終わりごろの江戸は、世界で飲食店が一番高密度だった。

あん　石毛先生、江戸にお生まれになっていても、きっとお忙しかったでしょうね。

町人がささえた日本流市民社会

石毛　江戸時代、18世紀のなかごろ以降は、京、大阪、江戸という都会では、市民革命がなかったけれど日本なりの市民社会が成立していたと思う。もちろん士農工商ということで、お侍が一番いばっていたけれど、社会の実力は町人たちのほうがうえ。町人たちが武士に金を貸して、実質的には町人が主導権をもつ社会であったとも考えられる。
　ある種の日本的な市民社会が成立すると、町人たちが遊びの世界をつくりだした。江戸時代になってから平和な時代がつづいて、開発がはじまる。とくに農業開発で、干拓などで田んぼの面積がおおきくなり、農業生産力が増えた。ところが18世紀になるとやりつくして、経済発展できない。

あん　江戸のバルブがはじけたんですね。

石毛　食糧生産が増えないから人口は増えない。それでいて鎖国なので、よそにむかってエネルギーをだすことはできずに、全部日本国内で発散するしかない。停滞のなかでの成熟ができる。そこででたのが遊びなんです。町人の社会というのは遊びを追求した。たとえば、歌舞伎などの劇場は、世界でもっとも早い常設のものとしては、ひとつはシェイクスピアのころのイギリスともうひとつは日本なんです。

あん　両方とも、今は「ハイ・カルチャー」にはいっているんですが、当時は庶民の文化でしたね。

石毛　そうです。ヨーロッパの大陸部では常設の劇場の成立はもっと遅い。そしてヨーロッパの劇場やオペラは「Royal」という冠がついて、王侯貴族のパトロンがついていた。ところが、日本では歌舞伎の劇場以来、パトロンに依存するのではなくて、町人たちが興行として、商業的に経営していた。

また町人学者というのがいた。自分の家業を一所懸命やってお金を稼ぐ一方、自分の時間は自分の研究をする。とくに大阪では町人が集まって、学者を組織して、「懐徳堂」という市民大学を設立した。こういった学問をする町人たちは、それでなにかお金をもうけようというのではなく、技術として役立たせる研究でもない。ただおもしろいからやる。無目的なんです。江戸のなかごろになると日本は目標がない社会になり、成熟のなかで町人たちが遊びにはげんだのです。

あん　今の日本は、別の意味で、爛熟《らんじゅく》した時代といわれていますが、今の日本はエネルギーをどこにむけたらいいんでしょうか？

石毛　東洋の世界で「文武両道」といいます。中国や朝鮮の社会ではずっと「文」を大事にしてきた。日本は鎌倉幕府以来、「武」でやってきた国。「武」というのは大変実質的で、理想よ

りも現実です。戦争の論理ですから、勝てば正義がついてくる。とにかく目のまえにある実際の課題を解決するという論理でずっとやってきた。

あん　せかせかとやってきた。

「公」と「私」、「禁欲」と「享楽」の対立

石毛　それで江戸幕府が全国統一をしたところで「武」の論理が使えなくなった。目標がない、停滞した、成熟した社会になった。文化文政の時代はまさに爛熟《らんじゅく》の時代。そこに黒船がやってきて、明治維新が起こる。明治政府は「武」の論理に立ち返り、富国強兵策をとる。強兵というのはまさしく軍事国家を、富国というのは経済大国を目指すということ。

今度の戦争で負けたけれど、その論理がまだ生きていて、経済大国を目指してきました。高度成長が終わり、低成長の時代になって、また遊びのようなものがでてきた。バブル期というのは爛熟《らんじゅく》した文化文政の時代とおなじで、バブルがはじけると、規制緩和など「第2の黒船」といわれる時代になった。政府が今、なにをいっているかというと「聖域なき構造改革」など、一種の「武」の論理で日本をかえようとしている。もう1度、リバイバルを起こそうとしている時代だというのが、わたしの読み方です。

あん　「文」はちょっと欠けている国ということですか？

石毛　日本では「武」は「公」と結合しました。西洋でいうパブリックとはまったくちがう。つねに「私」は「公」に従わなくてはならないという「滅私奉公」という論理がずっと支配してきた。ところが、町人文化ではその「私」を大事にする。「公」よりも自分たちが幸せだったらいいんじゃない

かという考え。「公」の文化を大事にする武士たちは大変禁欲的ですが、それに対して、享楽的なのが町人文化。今、日本で起こっているのが、「公」と「私」の対立ではないでしょうか。

これだけ「私」の遊びの楽しさを覚えた人間が増えた今の時代、どこまで「公」にもどれるのか。あるいは、食べ物でいったら、おいしいものを全国民が知った。料亭の高級料理ではない、しかし世界中から食料（食糧）を輸入して、50年まえの普段の食べ物にくらべたらずっとおいしいものをみんな食べている。そこであともどりができるのかどうか？

それが地球環境問題とつながってくる。

自分の食べているものが環境にどんな影響をあたえているのか

あん　わたしがはじめてフィールド・ワークではいった長野県富が原は、戦後の開拓がどちらかというと失敗に終わったといわれている。そこの農家の人たちと話すと「はじめて白い米を食べたのは」と、なんとなく恨みのこもった感じの言葉を聞きました。また、カナダの大学で日本語を勉強したときに読んだ志賀直哉の『小僧の神様』の、寿司屋でにぎりを一巻食べたいなという主人公のことが頭に浮かぶときがある。今では星の数ほど回転寿司屋があるし、どこに行ってもみんな甘エビを食べる時代。自分も含めてみんながそれを食べていいのかと考えることがある。エビで考えると、マングローブを破壊していることになるのに、食べるときは考えない。自分が食べているものが、環境にどんな影響をあたえているのか、豊かな社会になればなるほど、経済力があるから、忘れてしまう。

石毛　それは考えなくてはいけない、大事なこと。しかし、一般論として、文明というもののあともどりができるかどうか。可能性があるとすれば、人類の歴史を見ると、宗教だった。宗教は、この世での禁欲的な清らかな生活の見返りとしてあの世でいい生活が送れると、約束してくれた。ところが宗教が無力になり、しかも宗教を信じなくても、あの世ではなく、この世で物質的な豊かさをエンジョイできるようになった。そのかわり、エンジョイできる国々の人びとの陰には飢えに悩む国々の人びとがいる。

人間というのは、となりに飢えている人を見たら「かわいそうだ、ぼくの食べるものを分けてあげましょう」となるが、それは見えていない。日本人はみなそこそこ、自分がおいしいと思うものを食べているが、となりの飢えている人を見ていない。そういった世界のアンバランスがある。そこのところで、1度覚えた享楽を捨てて、人間があともどりできるのか？　もちろん国際情勢の変化で、外国から日本に食料がはいってこないなど別の理由であともどりできるかもしれないけれど、自分たちが望んだあともどりとはちがうんです。

あん　でも、外国から食料がはいってこなくなったら、日本は危ないですよね。

食料安全保障論の落し穴

石毛　食料安保の論理では、日本の農業を活性化して、自分たちの国でつくれるものだけでわたしたちは生きのびようといいますが、そんなことはできません。また、日本が外国の食料を買わなかったら、明らかに食料を戦略物資としているアメリカなどは別として、中国などから日本が買わなかったら、むこうが大変こまる。

もうひとつ、食料安保論理の落とし穴というのは、外国から食料が輸入できない状況になったとき、石油がはいるなんてことがありますか？　日本は耕耘機《こううんき》やエンジンのついた船を使わずに、もう1度クワで耕し、帆かけ舟で魚をとって、食料自給するのですか？　そうすると、理想論だといわれるのですが、近代社会の先進国が経験した事実に立ちかえることが必要です。それは生活水準が向上すると人口は減少するということです。増加する世界人口にみあうように食料をいくら増やそうといっても限界がある。人口増が食い止められるのはなにかといったら、結局、発展途上国が豊かになることに飢えていない国々が協力することが必要なのです。

ミャンマーとの国境、インド領ナガランドでのフィール・ドワークにて

「やっぱりおいしいものを食べたい。そうなると長期的には人類は滅亡の道をたどっている」

——石毛

インド領ナガランドで、現地の食事を楽しむ石毛さん

「携帯で話しながらフレンチ・フライを食べている若い子をはじめて見たときはぞっとしました」
——あん

300種類を超える魚醤《ぎょしょう》を集めたうまみ研究のエピソード、江戸時代の食と商人の役割、食料安全保障、ファースト・フード、家族と食のかかわりと、食と環境をめぐり話題はつきることがありません。

物質的豊かさ追求の誘惑には勝てない人類

あん 食料増産には、いろんな問題があるようですね。たとえば、食料増産は不可能という説もある。2025年までに水不足が深刻化して、食料不足につながっていく。国際食料政策研究所(IFPRI)等の発表では、毎年3億5000万トンの食料、アメリカの年間穀物生産量に相当する量が減っていくという結果がでています。また、世界の耕作地の10分の1が不毛の土地になるともいわれている。その推定を信じるか信じないかは別にして、食料をつくれる環境が悪化していくなかで、人口増加は止めなくてはならないし、人間の暮らしがこれ以上豊かになったら地球はパンクしてしまう。

石毛 豊かさをどこまで追求するのか。もう20年まえに、ある国際シンポジウムのために、吉良竜夫さん(現・大阪市立大学名誉教授)という国際的にも有名な生態学の先生に地球の定員を計算してもらいました。当時の地球上の人類がみなアメリカ人とおなじ生活水準を保つとすると、もうひとつ地球が必要なはずだという結論になった。

あん いろいろな計算は必要ですね。いうまでもないけれど。

石毛 根拠を示さなくてはいけない。

わたしは、人類の将来に関して長期的にはペシミスト。短期的にはオプティミストです。つまりわたしが生きているあいだは、豊かさをエンジョイしたいし、あと20年くらい生きているあいだは日本社会においては享楽が可能だろう。ところで、今までの文明というのは物質的豊かさの追求だった。精神的な豊かさを求めるいくつかの宗教が世界をおおったけれど、物質的豊かさには勝てなかった。物質的な豊かさを追い求める、つまり短期的なオプティミストを食い止めるのに、「人類のために禁欲的になれ」といわれてもなかなか実行できない。やっぱりおいしいものを食べたい。そうなると長期的には人類は滅亡の道をたどっている。人類だけではない、すべての生物の種というのは、さかえては滅亡するもの。人類だっておなじである。文化や文明をもって地球をわが物顔にしたわれわれ人類にできるのは、いずれは滅亡するけれど、滅亡するまでの時間をいかに長もちさせるか。

あん　地球は人類だけのためにあるものじゃないですよね。

石毛　そのとおりです。そのような状況のなかで、食物に関して、わたしが自分でできる節度は食いのこしをしないこと。

あん　そうすると人類は、だれもかれも肥満体にならなければならないですね（笑い）。

食でつながる家族

あん　ファースト・フードに話はもどりますが、アジアのファースト・フードは、環境破壊にも社会破壊にもならないということでしょうか？

石毛　破壊かどうかは別にして、食べるという営みはすべて環境に深く関係しています。ところで、マクドナルドのような大規模になったファースト・フードが、地球規模の流通で、地元の食文化を全部破壊していくという批判がある。

東京都内の中華料理レストランで一献かたむけながら対談は佳境に……

「破壊していく」というのは、破壊される側が破壊と認めるかどうか、ファースト・フードを受けいれる人がいっぱいいるということをどう考えるか。わたしは別の意味で反対ですが、もしかするとセントラル・キッチンでつくってみんなに配るというスタイルのほうが、省エネなんです。ひとりひとりが材料をスーパーまで買いに行って、ガスをつけて調理をして、自分のお皿に盛るほうがエネルギーや資源をいっぱい使っている。もしかしたらファースト・フードですべてまかなえれば、むしろ環境にやさしくなるかもしれない。ただし、人間は、それは絶対できない。

あん　というのは？

石毛　家族が存在するかぎりできないというのが、わたしの論理。家族というのはセックスと食べ物でできた集団です。

　性的関係を禁止されている親子、兄弟を最小単位として成立した家族というものは、そのまま自己再生産できない。よその家族と、たとえばお嫁さんをだしたり、お婿《むこ》さんをもらったりして、社会がつくられている。

　もうひとつは食い物。人間が本格的にハンターになったのは、木から降りて、二本足で立ったとき。狩猟はどの民族でも男性の仕事。しかし獲った獲物を獲った男だけで食べない。持続的な性関係のある女性や、そのあいだにできた子どもに分ける。だから、食の分配をめぐって家族ができる。世界中、共食の基本的単位は家族なんです。ほかの動物とちがうのはそこ。動物の世界では成長した個体は基本的に自分で食物を探して自分で食べる。ところが、人間になると、食というのは自分ひとりで食べるものではなくて、家族と分かちあいながら食べる。もとへもどりますと、マクドナルドみたいなファースト・フードは、もしかすると家族単位に料理するよりも環境にやさしいかもしれない。しかし、人間はそれでは耐えられないんです。家族というものがなくなる社会にならないかぎりは、ファースト・フードでみんなが生きる話にはならない。

あん　東京にでてくると、ときどきマクドナルドに行く。携帯で話しながら、フレンチ・フライを食べている若い子を見ていると、あれが新しい人間像かもしれないと思うことがあります。人間はなんらかの形でコミュニケーションをしなければ生きていけない寂しがり屋の生き物です。はじめてそれを見たときにはぞっとしました。

わたしは、夕食はかならず家に帰ってきて、会話をしながら、家庭菜園で育てた食材で、そろって食事をしなければならないという家庭で育ったので、そういうのを見ると新しい家族の形を見ているような気がします。ああいう風景をどうごらんになりますか？

石毛　家族の機能的な意味がもうなくなった。昔、農家だったら、家族全員が一緒に働いた。子どもにも掃除などいろいろな役割があって、家族が生産と消費の両方の単位だった。今は、親の職業をつぐ必要もないし、職業教師としての父親の役割もない。家庭は生産から切りはなされて消費生活だけの場になった。生産をめぐる家族の連携はなくなり、家族が会うのは食事のときだけ。食事が家族をささえている。

あん　もし食事が家族をささえなくなると、どうなるんですか？

石毛　初期のＳＦ作家たちが描いたように、社会が個人を支配するようになる。軍隊とおなじような感じ。みんなが集団給食になる。

地球に対して謙虚に

あん　食と環境はそんなにイージーに考えてはいけないんですね。われわれの文明をもうすこし生き長らえさせるために、日本の食文化が役に立つ可能性というのはありませんか？

石毛　どうでしょうね。１億総グルメに達したような社会、享楽の楽しみの分野では貢献するかもしれませんが、資源節約とかそういう意味ではダメです。ただ、もしかすると、米を中心にした食というのは環境にはいい。米は収量が高い作物だというだけではなくて、米そのものが、必須アミノ酸のバランスがいい。

あん　日本食で一番おいしいのは米と味噌汁と焼き魚だと思います。それが一番いいんですね。

石毛　それを世界の人びとがおいしいと思うかどうか。

あん　西洋人はダメかも。西洋人の食文化をなくしたら世界を救えるかもしれないですね。

石毛　水田のいいところは地力を消費しないところ。水が栄養分を運んでくれるので収量がおおい。そのかわり、水がないとできない。

あん　雑穀はどうですか？　米は、水が豊富できれいでないとダメですが、雑穀ならすくなくてすむ。日本は本来、米だけではなくて雑穀食文化でもあったことを考えると、もうすこし雑穀生産を増やすことができるのでは？

石毛　それはできますが、しかし雑穀をつくるためには、焼畑をして森を焼いてきた。また雑穀地帯で生きる人も米を食いたい。おいしいというだけではない。米のほうが栄養学的に見るとずっと優れた食品。

あん　そうすると、わたしたちは物質的に貧しい時代にあともどりできるかという問題になる。石毛先生のおっしゃるとおり、わたしたちにできることは、食べのこしをしないこと。地球に、そして、そこで生きとし生けるすべての動植物に対して謙虚になることではないでしょうか。ありがとうございました。

［2002（平成14）年10月31日、東京都内にて］

石毛直道（いしげ・なおみち）

1937（昭和12）年、千葉県生まれ。1963（昭和38）年、京都大学文学部史学科卒業。1997（平成9）年から国立民族学博物館長。農学博士。おもな著書に『食生活を探検する』（文芸春秋、69年）、『住居空間の人類学』（鹿島出版会、71年）、『食の文化地理〜舌のフィールド・ワーク』（朝日選書、95年、99年韓国語訳）、『食をもって天となす』（平凡社、2000年）など。『魚醤《ぎょしょう》とナレズシの研究〜モンスーン・アジアの食事』（共著、岩波書店、90年）では、300種類以上の塩辛や漁醤を集め、東アジア、東南アジアの味覚をさぐり、水田稲作地帯の食事文化を検討した。また最近は「文」と「武」、「忠」と「孝」、「公」と「私」などのキーワードを手がかりに、東アジア社会の歴史の比較を試みる文明論を展開している。

今井通子さん

「ヒトが
生命体として
生きられる
地球をつくるために
なんらかの
努力をすれば、
動物にも
植物にも
いいことになる」

「先進国にとっての環境と気候変動の問題では、人間のエゴイズムを感じるんですね。だから環境保護というより人間保護かなって」――あん

世界的登山家である今井通子さんをゲストにお迎えした。エネルギッシュに〝現場主義〟を実践するおふたりに、ご自身の育った家庭環境から、現在の日本の環境教育や環境保護への姿勢などをお話しいただきます。

現場主義で自然にはいりこむ

あん　今井さんはどっちかというと現場主義の人間ですよね。

今井　そうね。

あん　わたしも学生のころから、一方的に使命感を感じて、頭でっかちの本の虫になるより、現場にはいって、そこからものごとを見て、学んだり分析をはじめられたらいいと思ってきました。今井さんと比較してはいけないんでしょうけど、自分も現場主義のフィールド・ワーカーですが、どちらかというとオブザーバー的な現場主義です。現場にはいって、わきでものごとを観察するという形なんです。

今井　あんさんは、本からはいるよりも最初に日本の農村に行って話を聞いて、現場には男の人も女の人もいて、男女の区別なく必死に生きているんだっていうのを話していたでしょ。ただ単によそから見て女性蔑視で「女の人だけがかわいそうだわ」みたいないい方はちがう

ということを話していたでしょ。あのころから、現場にはいって、ものごとを観察して洞察して、自分なりの意見でものごとをいっているあなたはやっぱり本物だなあって思った。

あん　光栄です。長く現場にいればやっぱり見方が全然ちがってきますからね。とくに農村では女性は強いんですよね。

今井　かわいそうのひとことで終わるような話じゃないわけで。みんなが一緒に苦労しているわけだし。

あん　現場主義ということでは、今井さんとは全然ちがいます。今井さんは、徹底した行動派じゃないですか。

アイガー北壁登攀《とうはん》中の今井さん［『素晴らしき地球』（礒貝 浩編　ぐるーぷ・ぱあめ制作　山と渓谷社）より転載］

「自然のなかと人間の社会と両方行き来するのが人間だと思っていたの」

今井　わたしの現場は相手が自然だから、そのなかに自分がはいって自然の一部にならないとできないことをやっているわけ。あんさんは人間相手だから、そこがちがうのよ。

あん　どうして自然を選んだんですか？　性格？　たまたま？

今井　ちっちゃいころから親に山だの海だのへつれていかれて、自然のなかと人間の社会と両方行き来するのが人間だと思ってたの。

あん　それは何歳くらいのひらめきですか？

今井　もう習慣で。子どものころは、山とか海とか行かない人がいるなんて思ってなかったですよ。

あん　じゃあ、まわりはみんなおなじだったんですか？　友だちは？

今井　学校の友だちが日曜に家にいたりすると不思議だったもの。わたしの不思議ってふたつあってね、ひとつは山だの海だのに親がずっとつれていかないこと。もうひとつは、うち、両親とも医者だったから、お母さんが家にいるのが不思議だった。

あん　でもほかの家とは比較しなかったんですか？

今井　よそのうちに行くとお母さんがいるじゃない、昼間。「あれ、お母さん今日は仕事さぼったのかな」って思った。だからふたつの不思議に、ほとんど気づかないまま小学校をすぎちゃったの。さすがに中学校になると、ちょっとうちとちがうのかなっていうのがわかるけど。

あん　中学生あたりになると、孤独感はなかったんですか？　ちょっとまわりとちがうっていうことで。たとえばうちの父は教授だったので、今井さんほどじゃないんだけど、休みがあるたびにどこか旅につれていかれて、ヨーロッパにも住んでいたりして、カナダの田舎に住んでいたわれわれ家族は、近所の家族とは全然ちがう生き方してたんですね。裏庭は全部家庭菜園にしたり、まわりからは、うちはへんな家族っていわれてました。兄弟がおおかったから別に孤独だとは感じなかったんですけど、自分はたぶんまわりの人とおなじ人生は送らないって若いころから思っていた。どうですか、そこまでは考えなかったですか?

今井 うちはね、学校の友だちだけじゃなくて、近所のおっきいお兄さん、お姉さんからもっとちいさな子までという感じで、友だちを親がうちの庭に呼ぶようなうちだった。だからあんまりよそのうちに行ったことないの。たまによそのうちに行くと、さっき、いったようにお母さんが家にいておかしいなって思ってたの。ただ比較はしなかったね。こっちの家にはこっちの家の生き方があるし、うちはうちの生き方があるしっていう。

動物であることを忘れた人間と環境教育

あん 最近、日本で環境教育が試行錯誤されています。学校側も役所側も一般市民もやろうとしている。だけど環境教育は学校でなく家庭ではじまるものだと思うんです。環境教育だけではなく、どんな教育でもそうだと思うんですけど。

今井 学校っていうのは、人間社会のなかで生きのびるための術を身につけさせる教育をするところね。字が書けるとか、数字が読めるとか、もっと大人になったら経済活動というのは、どういうものなのかとか、人間社会で必要なもの。家庭では、教育ではなく、養育。好むと好まざるにかかわらず、親が産んだ子は親子になっちゃうわけよね。近所も選べない。地域のコミュニティーとそこに住んでいる人間としての親子、これは動物の社会よ。

あん 人間は動物ですからね。

今井 そう。その動物の社会のなかで教えることってのは、人間社会のなかで必要な技術みたいなものじゃなくて、おたがいがおたがいに保護しながら相互関係で生きていく、その生き方っていうほうに行くと思うんですよね。そうすると、健康の問題や心の問題、環境の保全にしても、ほんというと全部、家庭と地域社会で教えるわけよね。だけど日本の社会は、家庭の外に塀ができて、もう個々それぞれが別々に住んでいる。こういうような社会には、動物である人間たちがもっていたコミュニティーってのがなくなっているわけだ。

あん それは縦割り行政だとか、縦割り社会のせいでしょうか？

今井 というか、少子化もそうだし、個々がそれぞれ動物であることを捨てていっているわけ。

あん それをとりもどす必要はあるんですか？

今井 わたしはとりもどせないと思う。とりもどせないからつぎのステップに行くしかない。そのつぎのステップがなにかってことを試行錯誤しながらいろいろなことをやっていく必要があるんでしょうね。

それを今、日本の場合には全部学校のなかにつっこんで、そのなかでやろうとしている。でも学校教育のなかで、先生だってオールマイティーじゃないし、まだ若いこともあって、勉強は教えられるけれど、コミュニティーのことはわかっていない人間のほうがおおい。環境の問題にしても、人間という動物の成長に関しても、わかってないことがたくさんある。

あん 家庭での養育には期待がもてるのでしょうか？

今井 親が子どもを育てなくちゃいけないということが、じつはもうとりもどせないと思うんですよ。なぜなら、カナダでもそういうところあるかもしれないけれど、日本なんかではとくに、親に子どもが動物として育てられた時代は、はるかかなた。今の70～80代の人が今の50～60代の人を育てたのが最後くらいじゃない。そうすると、50～60代の人は、そういう家庭のない子育ての仕方をした世代。1960年代、世界的にいわゆる開発だのが進んだ時期は、日本の場合には発展途上で、経済活動が伸びた時代。その時代っていうのは、子育てなんかしてないで、仕事してお金儲けていい家に住んでと、みんなどんどんそっちのほうへ行っちゃった時代でしょ。その時代の中心的な世代は子育てしてないわけだから、子どもに対して動物的な家族のつきあい方みたいなのはしていない。その世代がおじいさん、おばあさんになっているわけなんだから、教える人がいない。

あん　自然環境に密着した生活から離れてしまったことのひずみのなかで、動物的衰退もしている。

今井　一方で、人為的に動物的な衰退を強いられた面もある。いわゆる有害化学物質みたいなもので。いろいろ混じっているゆえになにが原因だか、いまひとつかめない。そういうこともあり、社会的にも家庭というのは、もう一代まえから崩壊している。

あん　自然回帰生活で多少直すことはできるんですか？　自然破壊を止めるために、もうちょっと自然に近づいて自然回帰するというのは？

今井　自然回帰をしたいんだけれども、回帰すべき自然がノーマルじゃない、もう。

あん　というと、自然回帰すべき対象が……。

今井　どこにもないわけよ。

あん　悲しいですね。

今井　オゾン層に穴が空いて、オゾン・ホールができちゃって、本来なら地球にはいってこなかった有害な紫外線がはいってきちゃう。有害化学物質が世界中に、空気中にも水のなかにも蔓延《まんえん》していて、止められないわけじゃない。カナダでも、イヌイットの人たちのほうが普通に生活している人たちよりもPCBの量がおおい。3倍ぐらい。

あん　彼らは魚などを食べるので、直接影響を受けている。

今井　だから自然回帰といっても、自然だと思っている所で生活している人のほうが危ない場合もある。

あん　人類はもう終わりですか？

今井　終わりにするのか、その状態をちゃんと冷静に見てとって、その状態にあっている新しいシステムをつくりだすのか。たとえばオゾン・ホールが空いちゃって、紫外線は有害ですと。しかし、熱線である赤外線とか可視光線が人体にあたえてくれる影響にはいいものもある。そうすると、骨を強くするためにも太陽の光線は浴びましょう。けれども、紫外線防具としてUVケア・グラスつけて、日焼け止めクリームは塗りましょうという対応策がある。社会でもおなじで、育てられなくなっちゃってる家庭はあるけれど、じゃあそれに対して、これはもうしょうがないんだってギブ・アップしちゃうんじゃなくて、動物的な人間の生命体としてのエイジングによって生かしていくような方法をみんなで学んで、地域も、家庭も、それから学校も、社会的にそれに見あったいいシステムづくりをしていくこと、それはできるよ。

あん　なくしたものをとりもどそうとしているから……。

今井　それは無理。

あん　限界が来ているんですよね。考え方というか姿勢の問題ですよね。

今井　自治省（現在の総務省）が『スポーツ活動等を通じた青少年の健全育成に関する調査研究委員会報告書』をだしたときに、わたしは子どもの育て方に関してレポートをだしたの。
　ちいさい子どもはまずは自然のなかにつれていって、思いっきり遊ばせてやる。遊び方が1歳、2歳、3歳、5歳、10歳とか年齢によってちがってくる。いじめの問題なんかにしても、いわゆるギャング・エイジといわれている大人になりかけのころは、動物でいえば相手を殺して自分のえさにしなくてはならない時期。そういうものが本能的に発達するんだから、そのときにいじめとかあるのは、あたりまえ。子どもが子ども同士でいじめるんじゃなくて、カエルのおしりにストローつっこんでプーッとふくらませて飛ばしたり、昔はいろんな遊びがあった。今だったら、たとえば森林作業なんていうときに、子どもやはじめてその作業をはじめる人たちに苗を植えましょうなんていうのは、ナンセンスだっていつもいっている。まずは、初心者には木を切らせろと。人間は破壊行動を最初にやりたいに決まっている。全部やったあとで、「わーっ、広がっちゃって、あと、どうしたらいいの」ってところからはじまるのが文化。破壊するのは動物でいいの。

あん　破壊を頭じゃなくて体でわかってはじめて、それで環境保全ていう順序ですね。

「環境」保護ではなく「人間」保護

あん　環境保全とか環境保護とか、そういう言葉、どう思いますか？

今井　わたしは、保護っていうのはごう慢だと思う。環境を保護するんじゃない、人間が生きのびるため、みたいなところがある。

あん　人間保護ですよね、環境保護というより。

今井　そうそう。生命体として人間が生きるために必要なことをせねばならないんで、地球自身は保護してほしいんじゃない。

あん　わたしはIPCC（気候変動に関する政府間パネル）の第3次報告書について日本の環境省側か

らだした政府コメントの作成や分析の仕事にたずさわりました。そのひとつの章としてとりあげられたのが人間の健康の問題です。ちょっと生意気な意見ですけど、先進国にとっての環境と気候変動の問題では、人間のエゴイズムを感じるんですね。だから環境保護というよりも人間保護じゃないかなって思ったりもしました。今井さんは、医者としてそういうことを感じましたか?

今井　わたしは、一番最初から人間保護っていっているの。「人」という字をカタカナで書くと、生命体としての人間のこと。「ヒト」というのは社会のなかでの人間ではなく、生命体として書いてある。生命体としてのヒトがいなかったら、人間社会はつくれないわけだから、ヒトがまず根本的にある。そのヒトの保護のために、ヒトが生命体として生きられる地球をつくるためになんらかの努力をすれば、それは動物にも植物にもいいことになる。そういう考え方のなかで、わたしは最初から自然保護っていうのはナンセンスといいつづけた。非常にセルフィッシュだっていわれたんだけど、理解されなかった理由は、ヒトであるってことと人間であるってことをみんな分けてないから。経済活動なんかでがんがんやる人間と、生命体として生きのびる、動物として生きのびるというヒトとは別物として考えなくちゃダメなのよね。

ヒトは清浄な空気も、清浄な淡水も必要。結局は清浄な淡水が流れていれば海だってきれいになる、そうなれば海の動物や魚だって生きのびられる。こういうふうに考えれば、ヒトにとって必要なことって考えればいいの。人間が壊しちゃった地球を元にもどそうとしているっていうのは全部ヒトのため。

「自然の法則を人間が壊しちゃったから、
科学的に研究しても
地球のことはわからない部分もある」
——今井

「先住民のもっている
自然の観察方法とモダン・サイエンスの
結びつきをミックスしたら、
いい道を開けるんじゃないかという説がある」
——あん

現場で感じた自然界の変化から、科学や昔ながらの知識を環境保全にどう生かすかに話は広がりました。

現場で見た気候変動

あん 気候変動のなかでずいぶんクローズ・アップされているもののひとつは、山の氷河の後退です。登山家という現場主義者として、ご自身でずいぶん見てきたんですか、実際に。

今井 ヨーロッパなんかだと観光客でも見られる。たとえばオーストリアで一番高い山、グロスグロックナーという山のすぐとなりにおおきなパステルツ氷河っていうのがある。ここには ローマのころに、山の上に道がつくってある。そこから氷河に降りる登山電車がある。でも今、氷河に降りようとすると、ここからまた下に200メートルくらい降りないとならない。でも、最初にこの登山電車をつくったときは、そこに氷河があったはず。それが200メートルも

今井さん、山岳スキーであれ、ロック・クライミングであれ、山に関してはなんでもござれのスーパー女性

さがっている。何年まではここまで氷河がありましたという印が全部ついている。こんなふうにヨーロッパでは大衆に見えるような格好になっているから、なにもわたしたちみたいにヒマラヤに行って、「ぎゃー、大変だよ。氷河がこんなに後退したよ」とか、一部の人間しか見られないわけじゃない。

あん　ある意味、日本は隔離されている。

今井　日本は、そういう面じゃ自然がわりと強いのね。だから、なくなっちゃったように見えるんだけど、また盛り返してきちゃうから、あんまりその変化に気づかない。日本と朝鮮半島は、ひょっとしたら北半球で最後まで水がのこるっていわれてるくらい。

あん　そのことに現場で気づきはじめたのはいつごろですか?

今井　気象がおかしいなっていうのが現場にいてわかったのは、まず１９７０年代にはヒマラヤ。最初は季節が移動しちゃったのかと思った。ヒマラヤっていうのは夏の降水量が一番おおくて、全部が雪。このモンスーン期が秋にいくとまだのこっている。だから最初、モンスーン期がずれたんだと思った。でもそうじゃない。地球の気候変動が起こって、モンスーン期じゃないときにモンスーンのような状態になったりする。温暖化が起こっているゆえに、なだれが起こらないはずのときになだれが起こる。

あん　それを感じて、なにが起きてるのかを調べてみたりしましたか？　現場で得たデータがもと？　それともフィーリング？

今井　人間てやっぱりヒトだから、動物的センスはもっているわけで、自分がなんか気もち悪いなとか、やばいなとか、思うでしょ。思ったことには科学的根拠はない。だけどわたしは、フィールドでのフィーリングが第一だと思っているわけ。ただ感じただけで終わっちゃうのはダメで、観察して、洞察する。そのつぎにでてくるのは科学的な知識、つまり証明ですよね。この証明をだれかがしてくれたものを知識として得れば、全部つながるはず。

あん　じゃあ70年代には、５つの段階でいうとどこまで進みましたか？

今井　70年代は、現場にはいるということ、そこでフィーリングで感じたこと、それを観察した。そこまではできてるの。だれかが観察したものを実験してみてデータをだすという部分がまだなかったんですよ。

　ただ学者のなかですでに環境問題に関しては70年代からかなり進んでいた。60年代に全世界的に開発が進んで、森林が疲弊《ひへい》したりした国がいっぱいでてきたから、70年代っていうのは60年代にくらべて、かなりドラスティックにデータがずれたわけよ。

あん　70年代に現場でそれを洞察した自分は、危機感を感じたんですか？

今井　おかしいなーってくらいですよ、70年代は。その後、われわれはわかっていなかったから、気象の分析なんかしないまま80年代にはいった。90年代になったら、知識がどんどんはいってくるしね。それにもう80年代の末くらいには、ときならぬときに場所ならぬ場所で、なだれは起こるは、竜巻は起こるは、アラレは降ってくるは、とんでもない気象になっている。

　こんな所に人間は行かれないというんで、ヒマラヤのツアーはやめて、もうちょっと安全な所に行こうよということで、ヨーロッパに逃げた。でも、今度は日本でもヒマラヤなどの奥地に行かないでトレッキングくらいで、人が生活していられるくらいの所に行くと、起こっている気象の変動を観察し、だいたいどんなことがいつ、どんな状況で起こるかわかるようになる。最近になってもう1回行こうよっていうんで、ヒマラヤに去年［2002（平成14）年］行ったんです。

あん それで、どうでしたか？

今井 すぐにわかったよ。春のチョモランマに登りにいった。で、ベース・キャンプに着いた日に23℃もあって、温暖化の最たるところ。本来はマイナスの世界のはずなのに、プラス23℃もあって。ところが1週間のうちにだんだん気温がさがってきて、ノーマルになったなと思っていたら、もっとさがった。春の中旬くらいに冬に舞いもどった。わたしは冬のチョモランマに2回行っているので、この状況はまったく冬だ、動けないぞっていうことでベース・キャンプにじーっとかたまって、やりすごしてから行こうよと判断がついた。

先住民族の知恵を生かす

あん シェルパなど現地の人たちが気候変動を見て、どういう洞察をしていたんでしょうか？　まず彼らの世界観では、今起きている現象をどういうふうにとらえていたんでしょうか？

今井 70年代には、彼らは占いみたいなものを信じてたね。月の満ち欠けとか太陽の出方とかを見てるから、半分自然の声を聞いているってことなの。それでも、予想があわない部分に関しては、もともと全部があうものじゃないから、あんまり気にはしてなかった。

あん　わたしがこれからちょっとかかわっていくプロジェクトのひとつなんですが、最近カナダでも、とくに気候変動に関して、traditional knowledge 、つまり先住民のもっている自然の観察方法とモダン・サイエンスの結びつきをミックスしたら、いい道を開けるんじゃないかという説がある。どう思いますか？

今井　それは非常にきついと思う。なぜなら地球が正常でなくなっちゃっているわけだから、自然界のもっている法則、摂理が壊されている。そうすると言い伝えやなんかは、長いあいだの積み重ねの知恵でもっているものでしょ。ところが今の状況は全然ちがう。だから、先住民になにができるかっていうと、わたしも先住民とおんなじようなものなんだけど、変化を早目に読みとって、その事象を見て、その事象があるとなにが起きて、それにどう対応するかという知恵をだすこと。それを、われわれが現地の人たちの話なんかを聞いたりして、まとめるのはいいかもしれない。

あん　洞察方法論をつくりあげれば、間接的な参考にはなるでしょうね。

今井　一方で科学的に研究をしても、もしかしたら最終的にもわからない部分もあるかもしれない。なぜかというと、もともと自然にあった法則、摂理の解明は今まで科学がしてきたのに、その法則を人間が壊しちゃったわけなんだから。法則がないわけじゃない、今のところ。

あん　今井さんて、いつもおもしろいところに話が行きますね。でも、わりとプラス思考ですよね。

自然は発見の連続

あん　山だけでなく平原でも、いろいろな自然を求めてつぎつぎと進んでいくっていうのは、好奇心があってつぎからつぎへと冒険を求めているということでしょうか？

今井　好奇心もさることながら、自然がもっているものは全部発見よ。ひとつずつ自分にとって。新しいものが、つねに発見できちゃうでしょ。好奇心というより、行ったら新しいものがそこにあるんだもの。

あん　今までの長い自然とのつきあいのなかで、強烈にのこっている発見は？

今井　いつでも発見だね。そうよくみんなにいうんだけど、16年間毎年、白馬岳に9月の1週目に登っているんです。これは定点観測みたいなもの。先おととしの夏、それまでそんなこと1度もなかったのに、東京が36℃、それから名古屋で38℃という記録をだした日に、白馬の上では2℃。ものすごい風が吹いて寒くて、手なんかカチンカチンに冷えた。それだけでも、うれしくなっちゃったのよ。まだ発見できることがあるわって。

あん　わたしは山に登ったことがないから、本当に想像つかないんだけど。

地球の異常気象現象のせいで、今井さんは主宰する山岳ツアーを、ヒマラヤ行きをやめてヨーロッパ中心に展開することもある

「山はね、登っちゃったときには、がっかりするの。要するに、登る過程がおもしろいのよ」

今井　山だけじゃなくていいんだけど、要するに自然っていうものを全部あわせると、一生かかっても毎日発見するものがあるよ。それが楽しい。

あん　わたしは海と砂漠と平原がすごく好きです。

今井　砂漠でも、毎日発見ってあるじゃない。海だってそうだし。

あん　山に登って一番最初の自分の発見という点で、登って「イェーイー」って世界と、頂点に立った自然の発見とは、どっちがおおきかったんですか？

今井　みんなそういうふうにいうんだけど、山はね、登っちゃったときには、がっかりするの。要するに、登る過程がおもしろいのよ。いろんなこと考えながらやっていくのがね。それが頂上に着いたら終わっちゃうわけだから、自分の行動としては。もうがっかりよ。あと安全に下まで帰ろうって感じ。とりあえず帰ってきたら、つぎにどこ行こうと考えないと、いてもたってもいられない。頂上に着いたときの景色の美しさというのはあるんだけど、登っちゃったら、これはもうおもしろくないわけですよ。

「個人個人がヒトとして
自分が一番いい環境で生きようと思ったら、
環境問題を解決することになるのよ」——今井

「農業体験にしても、森林体験にしても、
都会と農村との溝をうめるためという
発想が必要だと思います」——あん

途上国やエコツーリズムの可能性について、今井さんとあんさんの話は、つづきます。

中進国に可能性

あん　先進国の人間はかなり病的なところまでいっているかもしれないけれど、世界中あちこち歩かれて、可能性のある国はありますか？

今井　やっぱり中進国。

あん　というと？

今井　たとえばコスタリカみたいな国。経済的にはわりと先進国に近いぐらいの国の場合。コスタリカは非常に教育熱心な国だから、勉強なんかも結構している。コスタリカだけじゃないんだけど、本当に先住民だけで暮らしていて、昔のままやっている所は、じつはわたしはほっとけばいいと思っている。その人たちはその人たちなりの生活をつづけていったら、おもしろいと思う。中進国の人たちっていうのは、自然というものの大切さもまだ知っているけれど、文明の利器も知っていて、その両者をいかに調和させていくかのなかで、先進国がやってきたことの負の遺産を排除しながら、後進国っていっちゃおかしいけど、その生活のなかで人間にとってあんまりよくないことを捨てて、新しい方向へかえていく可能性がある。循環型社会をつくれる最先端かなと思う。

ほんとの先住民的な生活をしている人たちに関しては、地球が壊されちゃったことによって汚染される状態になっている部分は、先進諸国が回避してあげなきゃいけないの。だからイヌイットにPCBがおおいとかっていうのは、魚を食べないでこういうものにしなさいっていかえていかなきゃならない部分がでてきた。

あん どうやって実現すればいいんでしょうか？

今井 先進諸国がやっちゃったことは法律的にいえば犯罪なの。だから、それに対して刑罰を受けてもしょうがない。お金とかで援助するしかない。

エコツーリズムは地元の人たちの自主的な発想で

あん 今井さんが、6〜7年まえになるかな、コスタリカの映像を都会人に見せながら、「エコツーリズム」を紹介したときの講演会を聞きました。まだ新しい概念でした。去年［2002（平成14）年］は国連のエコツーリズム年で、ヨハネスブルグ・サミットでも持続可能な開発のなかでエコツーリズムをとりあげている。これをすべて実現するのは、やっぱり政治につきる面はありますよね。

今井　そう、ある意味じゃ政治ですよね。いくらNGOだけで頑張ったってね。でなければ、NGOが政府を引っくり返せればいいんですけどね。

あん　NGOが果たせる役割はどこにあるんでしょう。

今井　NGOが果たせる役割は、結局政府に対してのアドバイスと自分たちの実践でしょ。それに民衆がどっちにつくかよね。

あん　人の移動によって自然破壊が起きている。今までのツーリズム、とくにリゾート開発ではすさまじいくらいだった。エコツーリズムはもっと持続可能な形でやろうとしている。

今井　日本ではあんまり発達していないけれど、すごいよ結構、世界的には。

あん　概念としてはエコツーリズムはすばらしいと思うんですけど、失敗例も非常におおくて。たとえば南米のある国の鉱山で、水汚染が起きた。アメリカやヨーロッパのNGOが鉱山を閉める運動をして、地元の人たちに反対運動を起こさせた。欧米のNGOは地元の人に「エコツーリズムをやれば、学校はつくれるし、水道も電気も全部ここにはいってくるから、われわれと一緒になって鉱山閉山運動をやろう」とすばらしい夢を彼らに訴えた。その結果、鉱山のオーナーは三菱だったんですけど、閉めちゃったんです。そして、そして今現在、実際にエコツーリズムで食っていけている家族は、3家族だけ。

今井　エコツーリズムの一番最初がまちがっているの。よそんちへ行って、余計なお世話で、鉱山を閉鎖させるという、いわゆる欧米諸国人の発想。なんでもやってやるからという発想がまちがっている。エコツーリズムの根本に必要なのは、外の人たちはお金を落としにその現場に行きましょうという姿勢。現場で地元の人たちが、外の人からお金をとることを考えてくださいよという発想でないとダメなんです。わたしはうまくいってない所には、ほとんど行ったことがない。

あん　じゃあ今度行ったほうがいいんじゃないですか？　成功例ばかり見ちゃいけないですよ。

今井　地元の人たちが自分たちでやったものが一番すばらしい。それしか見に行かない。たとえばネパールのインドとの国境に、ずっと農業をやっていたタル族という民族がいる。そこでは12月ごろになるとナノハナが咲く。それだけでも「ああ、ナノハナ畑がきれいだわ」って見れるけど、その場合はホテルに泊まるお金しか払わない。ところが地元の人たちが考えて、水牛を2頭ならべて、そこに牛車をつけて、みんなをのっけてナノハナ畑を全部まわる。そういうのを地元の人がやると、わたしたちはその牛車にお金を払う。地元の人たちが、観光客が来てくれたなら、ちょっと便利にしてやったり、おもしろいことをしこんで、お金をとろうよっていう発想でやるのが一番単純で、しかも、地元の人は自然のことなんかもよくわかっている。

あん　じつは去年［2002（平成14）年］の夏、カナダの西海岸のオタワで、アラスカのちょっと手まえのシャーロット島にエコツーリズムに行ったんです。ここで成功しているなと思ったのが、ひとつは現地まで行かなければ情報が手にはいらないという点。もうひとつは、島ですから、船も10人に限定されている。お金のない人間はエコツーリズムできないんですよね。

今井　そこを差別だと思っちゃいけない。お金を落とさせるのがエコツーリズムなんだよ。もともと熱帯雨林を切らなければ生活できない人たちに、切らずに木が立っているだけでも財産になるように、先進国なんかでお金の余っている人たちが、アフリカやブラジルなどの低所得国の人たちにお金を落とすことを考えているわけだから。お金はばんばん払わなきゃ。先進諸国の人たちはさらに、二酸化炭素はいっぱいだすは、エネルギーはいっぱい使うは、それでお金儲けてるんだから、ほかのことでお金をだすのあたりまえじゃない。だからわたしはそういう意味で日本でも、ボランティアで木を植えましょうとか、ああいうの反対論者なの。森林を守って税金払ってる地元の人たちがいるのに、そこの山に行って、どうして「自分たちがやってあげてるんだ」っていう考え方で行くんだよ、と。そうじゃなくて、行ったらむこうでお金を払って汗かかしてくれてありがとう。きれいな空気を吸わせてくれてありがとうという気もちで、空気にお金払うわけにいかないから地元の人たちにお金払う。そのためには、地元の、たとえばソバを食べて、地元の人をインストラクターとして雇って、地元でカマを借りて、みんな地元にお金払う、そういう形でやるのが都会人のやる森林作業のはず。それは日本の国土内でもエコツーリズムになる。

あん　たとえば農業体験にしても、森林体験にしても、わたしから見れば都会人がもっと自然に親しむために、また都会と農村との溝をうめるためという発想が必要だと思います。

今井　そこの発想にお金を介在させないとダメ。はっきりいっちゃうと、わたしは種に金をやらなきゃダメっていうの。草木も全部、こんなちっちゃなものからなんのエネルギーも使わないで育つわけじゃない。種にお金を払うってことが、要するに人間がお金というものをもって自然界の循環型社会に組みこまれるってことなの。

あん　日本が果たせる役割はなにがあるんでしょうね？

今井　日本が果たせる役割なんて偉そうなこといっちゃったら、みんなおかしくなると思うよ。

あん　もうちょっと自然体に？

今井　要は種にお金を返すような。アメリカの市場経済至上主義の社会に翻弄《ほんろう》されないで、もうちょっと中進国の人たちみたいな考え方で。

コスタリカに最初に行ったときに、むこうのガイドさんがくれたTシャツにスペイン語で

今井さんは、ツアーを引率してたくさんの日本人に大自然との親しみ方を伝授している（左端、今井さん）

「最後の木が切られ、最後の川が汚染され、最後の魚が捕られたときに、人はお金を食べて生きていけるだろうか」っていうのが書いてあった。それがネパールの国立公園でも、おなじTシャツが今度は英語であった。だれが考えたんだか知らないけれど、最終的には自然にお金を返せよと、返さなきゃまわらないというのを、彼らはもう10年以上まえからいっている。

自然に人を呼びこむことを、ライフ・ワークに

あん　今井さんはこれからどういう仕事したいんですか？　記録をいっぱいのこしてきて、もうなにもしなくても、このまま世を去っても、光のある人生ですよね。

今井　まだまだやることはいっぱいあるのよ。基本的には20代のころからかわらないんだけど、自然のなかに人びとを呼びこんで、彼らに観察力と洞察力をつけて、その先にある発見する楽しみ、いわゆるチャレンジングの楽しみを、今度は社会に還元してほしい。みんなを山に引っ張りこむってことをずっとやってきてるから、今でもやってて、一生かわらないだろうと思うの。最終の目標じゃない？　健康的に長生きするの。そのこと

を整備するためだけで、今どんどんみんな疲弊《ひへい》していって、自然に行っていない。たとえば、みんなが巨樹・巨木を見に行くようになったら、まずそれを見に行っている時間内は歩いているわけだから、人間一生歩く動物としてのトレーニングになっていて、それは健康的に長生きするために必要なことでしょ。それにプラスして、自分のエネルギーを使っているだけでも省エネになる。環境的にはいいことをもうしている。なおかつ、山の木を見て自分がいい気もちになって帰ってきたら、自然が大切だってわかってくれるってこともある。だから、そういうことをひとつひとつ積み重ねていくことで、底あげしていくことになる。それしかないと思うの。

あん　その対象は年齢を問わず、ですか？

今井　年齢なんか考えてない。

あん　中・高齢者の話いつもしているから。

今井　２００２（平成14）年の秋に８２０１メートルのチョ・オユー（ネパール・中国国境の山）に、仲間がつれて行った人たち、72歳、71歳、63歳……なにしろ10人つれて行ったのが平均年齢59・4。登頂した最高年齢は71歳の女性よ。８０００メートル峰だって今や高齢者でも行ける時代になったのよ。年齢には制限ないですよ。その人のもっている機能だけですね。

あん　20代の自分と今の自分と、体力と精神力はどのようにかわっていますか？

今井　かわってない。チョモランマの８５００メートルまで行って、まだなんでもない。

あん　歴史にのこることをもう20代から30代にかけて成し遂げて、それ以後、どういう気もちなのでしょうか？

今井　歴史にのこるといわれても、社会がそういうふうに決めたことで、自分にはかかわりない。

あん　「今井みたいに自分のやりたいことやって人生悔いないだろう」ってこのあいだもいわれたんだけど、社会がなにを評価するかってことと、自分がこれいいなと思ってやることとは、ちがうんだよね。それが社会に認められれば、うれしいけれど、べつに認められなくてもがっかりすることはないし、自分がいいと思っていたことが最後までできれば、それでいいんじゃないかなって思っている。

今井　尊敬している人は？　たとえば３人名前をあげたら。

あん　そうねえ、まずはふたりでてきちゃうよね、親。あとひとりはむずかしいな、ほんとに本人知らないから。親はね、形としてつくってくれただけじゃなく、家庭が子どもをつくる時代のなかでは、うちの親は良質な子どもをつくる家庭をつくってくれたよね。親が死んじゃったときになにを思ったかっていうと、あー、自分はもしかして親への対抗意識で生きてきたかもしれないから、親がいなくなっちゃったら対抗意識を燃やす相手がいなくなっちゃった。親を心配させたくて生きてきたみたいなところがあるんで、そういうのがなくなっちゃうと、自分の活動っていうのはなくなっちゃうかなって思いましたね。

今井　そのとき何歳だったんですか？

あん　そのとき、もう30をすぎてました。79年だから37。

今井　探検家と冒険家と登山家、どうちがうんですか？

あん　山登りも探検になるときも冒険になるときもあるのよね。

今井　今井さんは３つの要素とももっていると思いますか？　それともただ、山に登る人？

あん　そういうふうにいわれちゃうと、わたしはナチュラリスト。

今井　むずかしい人ですね。

今井　個人個人がヒトとして自分が一番いい環境で生きようと思ったら、環境問題を解決することになるのよ。

［2003（平成15）年2月21日、東京都内にて　今井さんの項の写真提供は株式会社ル・ベルソー］

今井通子（いまい・みちこ）
1942（昭和17）年、東京生まれ。1966（昭和46）年、東京女子医科大学卒業。医学博士。学生時代から登攀《とうはん》技術をみがき、1967（昭和42）年に若山美子さんと組んでマッターホルン北壁を完登。女性ペアとしてははじめて。以後、アイガー北壁、グランドジョラス北壁の登攀《とうはん》にも成功、世界初の「アルプス三大北壁」女性登頂者となる。以降、現在に至るまで毎年ヨーロッパアルプスの旅行講師を務める。1979（昭和54）年、ネパールヒマラヤ・ダウラギリⅡ・Ⅲ・Ⅴ峰縦走登山隊長としてクロス縦走に成功。1983（昭和58）年以降チョモランマ（エベレスト）登頂に何度か挑戦しているほか、北朝鮮の白頭山、金剛山、妙高山、アフリカ最高峰キリマンジャロに登頂。2007（平成19）年3月まで、東京女子医科大学付属病院腎総合医療センター泌尿器科非常勤講師。日本泌尿器科学会専門医。政府審議会等委員を多く務める。（株）ル・ベルソー代表取締役。

今もエネルギッシュに世界中の山にでかける今井さん

松本善雄さん

「自然の米を食べて、ゆっくり空気を吸って、きれいな水を飲んで、ということをのこしていくのが、ライフ・ワーク」

「自然に配慮した生活を送る人間になるのには、人だけじゃなくて森羅万象を尊敬する、そういう感覚が内側になければ、実際できない」――あん

あん・まくどなるどさんが2001（平成13）年から一軒家を町から借りて農村フィールド・ワークの拠点としている宮城県松山町は、米どころとして名高い大崎平野の一部をなす、豊かな自然と、歴史・文化を有する魅力ある町。その松山町をささえる産業である酒づくりと米づくりに真正面からとりくむ松本善雄さんにお話をうかがいます。

恵まれた水と土に感謝する気もちを代々受けついで

あん　まず最初に、松本さんはどういう人ですか？

松本　酒屋です。松山町に生まれた酒屋の10代目。

あん　それがいえるのがうらやましいですね。わたしは、カナダに来た移民の3代目とはいえる。でも、それ以上のことはいえない。祖父はウクライナから渡ってきたんですけど、ウクライナのどこかはわからない。だから、わたしは未来を見るしかないんですね。松本さんは、相当歴史をしょっていますよね。

松本　歴史は背負っていますね。関が原の合戦で負けた3人の足軽の兄弟、そのまんなかが、うちの先祖だといわれているんですね。なんでここに住んだかっていうと、両側に丘があって風当たりがすくなく、きれいな水が流れている所に人は住むんですね。今では一ノ蔵（注1）

のしこみ水として使っているきれいな水です。

あん　きれいな水を求めて先祖はここに来たんですか？

松本　合戦に負けた3兄弟が、命からがら逃げて来たら水が流れていて住めそうな所があったわけですね。

あん　やっぱりコミュニティーがどこからスタートするか考えると、水とまわりの環境ですね。

松本　そうです、そのとおりです。

あん　で、ご先祖はここに来て「あ、おいしい水があるから、米と酒をつくろう」というふうに、最初から酒づくりをはじめたんでしょうか？

松本　いえ、やっぱり最初は米づくり。この辺の川で魚をとって、セールス・トークでものを売って、だんだんお金を貯めていったっていうのが先祖。宝暦5（1756）年、2代目が酒をつくったそうです。初代はやっぱり米づくりです。食べることが先ですもんね。

あん　飲むのはぜいたくで、あとから来るものですよね。それで2代目から酒をつくりはじめるんですね。

松本　約270年まえですね、うちの暖簾《のれん》は。

あん　すごいですよね。200年、300年も、すらすらと語れるというのは。しかも自分の家族だけじゃなくて地域、コミュニティー全体がどういうふうにかわってきたのかが、全部自分のサマリー・ヒストリーのなかにはいっているんですよね。

松本 ここに暮らす人たちがこの町を非常に大事にしてきた。とくに8900枚ほどの田んぼを大事にしてきた。水に恵まれ、土に恵まれ、それらを大事にする精神が脈々と流れているというのを、われわれ感じるわけですよ。

あん 地域のリーダーたちが、松本さんのような子孫をもたなければ、地域全体が総合的に守られてこなかったんじゃないかなと思うんですね。

松本 そういうことなのかもしれませんね。そういう精神を非常に大事に受けついできた先輩たちに、つねに敬意を表している。

あん 戦前は、地域密着の相互関係があった。しかし戦後、それがかわってきますよね。地域社会もかわり、酒造の世界もかわっていく。社会全体もかわっていく。わたしがはじめて松山町に来て、松本さんをはじめ一ノ蔵の方や農業者の方とお会いしたときに、寅さんの映画のような、人情というか人間関係がまだこの町にあると感じた。ほかの日本の社会と一緒に歩みながら、やむをえない波のなかで、その熱い人情というか昔ながらのコミュニティー

の良さをどうやってバランスをとりながら保ってきたんでしょうか？

松本 それはこの町にいて感じることなんだけれども、となり近所、むこう3軒両どなりをものすごく大事にするんです。なにかこまったときは、親戚よりも先にとなりの人たちがすっ飛んできてくれる。損得なしでね。自分の所でうまいものをつくればね、「これはおれの所だけで食べるのはもったいない。となりのおじいちゃん、おばあちゃんに食べてもらいたい」。誉めてもらえるというのが裏側にはありますけれどね、とにかく感謝の思いがつねにある。そういうものがこの町にはある。わたしは松山町に生まれ育ってよかったなと、いつも思うんです。

あん ここではじめて感じたのが、みなさんの他人へのアンテナがすごいということ。近所の人はみんな、わたしが夜何時に帰ってくるのか、何時に寝るのか、何時に起きるのか、わかっているんです。でも、いっさい邪魔しないんです。それで帰ってくるわたしの様子を観察して、「あんが調子が悪いのでは」と電話をかけてきたり、うちに来ないかと誘ってくれたり、あるいはなにかをとどけにきてくれたり。東京と仙台でのアパート暮らしでは、挨拶しないし、他人に対して自分がだんだん無関心、機械的な人間になる。ここに来て、コミュニティー

松山町の田園風景

に住んで、人からたまになにかもらって、自分が迷惑かけて……そういう絆を、もう1度、人生でとりもどした。

松本　この辺の言葉では「お茶っこ飲み」というんです。囲炉裏《いろり》にそこの主人がすわって、薪をくべながらお湯を沸かす。まわりのおばあちゃんたちが自分でつくったお新香をもって、みんなよってくるわけですよ。お新香を肴《さかな》にしながら、お茶やお酒を飲みながら、話したり、この辺に代々つたわる民謡なんかうたったり、ひとつのコミュニティーの場所だったんですね。そういう時代っていうのをわたしらが聞かされているわけですよ。ほんのり、うっすらまだ知っている。そういう見本を受けついでつたえていくっていうのが、われわれの使命のような気がするのね。

子どもたちにもそういう場所でしつけをする。家庭のそういう雰囲気のなかで、男らしさとか女らしさとか、やっちゃいけないこと、いっちゃいけないことを、かなりエネルギーはいることですけれど、ぴっちり教えこむことが自然を大事にすることの大前提だと思うんです。

あん　わたし、大賛成です。言葉でどうやってあらわせばいいかわからないんですけれど、自然を愛して尊重するとか、自然に配慮した生活を送る人間になるのには、人だけじゃなくて森

松山町で借りている武家屋敷のひろいベランダで、あんさんはときどきパーティーを開く（後列右から4人目、松本さん）

羅万象を尊敬する、そういう感覚が内側になければ、どんなに環境が大切ってスローガンを掲げても、実際できないと思うんですね。

松本　そういう思いが、わたしはこれからの日本をすばらしい国にしていくためには、絶対必要な思想だと思うね。

あん　そういう思想が今の日本にはないんでしょうか？

松本　のこっています。そういうことをとくにこのごろ、若い人たちがいいはじめたんですよ。

注1　一ノ蔵（いちのくら）　1973（昭和48）年、浅見商店（仙台市）、勝来酒造（塩釜市）、桜井酒造店（東松島市）、松本酒造店（松山町）がひとつになり宮城県旧松山町に誕生した酒蔵。自然との共生を大切にし、伝統を守りながら、お客さまに満足していただくこと、地域振興につなげることを原点に酒づくりをしている。松本さんの父親である善作さんが初代社長を務め、「家族ぐるみでつきあい、喜びも悲しみも分かちあおう。力をあわせて新しい蔵をつくり、できるだけ手づくりのしこみをのこした高品質の酒をつくってほしい」という願いを託したという。日本有数の米どころである地元・宮城県の米を主原料に使い、商品に応じて10種類以上の米を使い分けている。地元の農家とともに「松山町酒米研究会」を発足、酒づくりに適した米づくりにも力をそそいでいる。**（注は『グローバルネット』編集部による。以下、同様）**

米づくり、酒づくり、地域づくり

あん　30年まえに4つの酒蔵がひとつになって一ノ蔵ができた。4つのなかで、場所はどこにしようか、話しあいはあったでしょうけれど。松山町にしたのは？

松本家の広大な蔵で対談するおふたり

松本　水があったこと。もうひとつおおきい理由は米なんですよ。当時の農協組合長の山谷さんという人が、米が機械乾燥か天然乾燥か、ひとつずつ見るんです。乾燥機なんかにかけると、「だ

れだ！　この米は。あんだけいってもわからんのか」という米づくりの人だったんです。
「1、水。2、米。3、杜氏」っていうのが酒づくりの3大要素ですけれど、最初に水がきます。酒屋では水のこと「たま」っていいますけど、一番大事なものっていう意味です。ですから、水のいい所で米のいい所。一ノ蔵がこの町に来たのも理由がわかる。

あん　お父さんの代から近隣の酒米だけをいれていらした？

松本　そうそう。地元の米を一所懸命使っていましたね。いい水でいい米をつくって、食べて。昔は完全に自然肥料でしたから、ほんとの自然食です。今の農薬を使った米は戦前の米とはまるっきりちがうんですよ。米をたくさんつくるために農薬を使う。最愛の子ども、孫たちの生命を考えると、どういう米をテーブルにあげたいかってことを真剣に考えるべきだと思うんですよ。そう思うと、やっぱり土、大地。これととりくむってことはうんと楽しいことだと思うし、大事なことだと思うのね。この地域にはそういう雰囲気があるわけ。

あん　それは田んぼのまわりを歩いていても感じています。とくに若い人が活発で、自分のでる場がある。土台があるから未来性もあるんじゃないかなと思いますね。

松本　都会の忙しいなかで生活をして、一所懸命働く人たちがゆっくり、あなたがおっしゃるようなほっとする瞬間をつかまえられるような生活空間をつくれるのは、松山町みたいな場所じゃないかと思う。自然の米を食べて、ゆっくり空気を吸って、きれいな水を飲んで、日本人のもっとも世界に誇れるような人間関係に触れて、ということを真剣にここでのこしていくのが、これからのライフ・ワークだなと思っています。

あん　松本さんは、農家自身が水の大切さをいいすだのを待っていたとおっしゃいましたね。

松本　本当の農業をやる人たちはだんだんすくなくなっている。一方で、本気になって農業にとり

松山町酒米研究会と一ノ蔵有志の無農薬実験田でイネ刈り中のあんさん

くめるような雰囲気が最近でてきている。一方で平成17（2005）年に町村合併がある。そのときがチャンスですね。松山町がどういうスタイルの生活ゾーンになれるか。ここには田んぼがあり、水清き里もある。

あん　合併するほかの市町村に良い影響がおよぼせるといいわけですね。

松本　この里を愛しながら一所懸命働いて、農業、林業をやってきた人たちがいっぱいいる。そういうオールド・ボーイ、オールド・ガールたちとヤング・ボーイ、ヤング・ガールがときどき接点をもてるような場をもちたいと考えている。若い連中は、本で勉強しても、実際にやろうとするとわからないことがいっぱいある。古き良き時代の話を、酒を飲みながら聞いて。もちろん一ノ蔵を飲みながら。日本では今、古い知恵がつたわっていない。それをもう1度再構築していくということですね。

あん　そういうことが、なんかできそうな感じがしてね。

松本　どうせ国の方針で合併せざるをえないんだったら、松山町がもっている良さを保全しながら、さらに合併するなかで影響力をもって、全部が松山町みたいになればいい。となりの古川市（現・大崎市）ではどんどん人口が増えて、農地を宅地にしている。松山町の自然保全とバランスを保たないと。わたしから見れば結局、日本は都会に農村が負けてきたんですね。都会の成長に国土が全部負けてきたんです。今後の合併で都会の勢いに負けないようにしないといけないんじゃないかと思います。

あん　ここにおいしい水、いい土があって、おいしい米ができて、おいしい酒米が守れないと。守るべきというのをわたしがいうのはへんですけれど。

松本　いやいや、守るべきなんです。

復権なるか、日本酒

あん トラディショナルな日本酒を日本人がだんだん飲まなくなってきて、日本酒の文化がかわっていくだろう日本社会で、日本酒の継続をどういうふうに考えているんでしょうか？

松本 日本酒は国酒ですよ。非常に不幸な時代がありました。大東亜戦争の時代、酒の原料である米がたりなくなりました。それで、国は税金をとるために酒に醸造用のアルコールを使うようになってから、従来の米と米麹だけの純粋な日本酒がかわったという不幸な時代があるんですね。そのために、ビールや焼酎、ウイスキーとか、ほかの酒類にとってかわられてしまった。

あなたのおっしゃるように復権を図るためには、とんでもないエネルギーがいりそうです。というのは、嗜好《しこう》品の世界っていうのは、その時代時代に生活している人たちの嗜好《しこう》の変化がありますから、それにマッチしないと生きのこれないっていうのがありますね。

あん だから、おいしい米の生産地で、おいしい水があるから、いい酒がつくれて、「じゃあ、みなさん飲んでください」っていうことは、ちょっと甘いですね。

松本 それは甘いです。従来の日本酒を磨いていくことは大事なんです。たとえば香りや色でいろいろなスタイルをつくってみる。

あん ブルー酒つくってみるとかね。

松本 ブルーとかレッドとかイエローとか。それから、香り。いろんな香りを楽しみながら飲むというふうなことも、これからチャレンジしていく必要がありそうです。

あん わたしは日本で法律がかわったら、一ノ蔵が〝どぶろくホーム・キット〟をつくったらおもしろいんじゃないかと思うんです。カナダとアメリカでは、ビール・キットやワイン・キットが結構売れている。

松本　ところで、松本さんは全国あちこちの酒を飲んで歩くのが好きだと聞いています。今にも廃線になりそうな、ローカル支線にのったりするのが好きで、たまにそういう所に行ったりします。2度と降りないだろうなと思うような駅に降りて、駅前の赤ちょうちんや屋台にはいる。見たことのない酒がでてくる。口にいれて利き酒をすると、とんでもないうまい酒がある。それでね、店のおやじさんは、かならずいやな顔するのね。「ああ、こいつはプロだ、酒屋だなって」わかるわけよ。そのつぎの瞬間にね、わたしの感心した表情が自然にでてくると、「ざまみろ」っていうふうにすごくうれしそうな顔する。

あん　むこうも喜ぶわけですね。やっぱり酒は日本の文化だと思うのは、どこにでも古くからの地元の酒がある。

松本　地元の人たちは誇りをもっていますからね。今でも全国につくり酒屋が1900軒ちょっとありますからね。

あん　そう考えると、つくり酒屋が各地域で日本の文化をささえるリーダー的存在だといえるんですね。ありがとうございました。

［2003（平成15）年4月20日、宮城県松山町（現大崎市）松本邸の蔵にて］

松本善雄（まつもと・よしお）
1936（昭和11）年、宮城県松山町に約250年つづくつくり酒屋松本酒造店の10代目として生まれる。東京農業大学醸造学科卒業。趣味は中学3年からつづけている空手に野球、麻雀。座右の銘は「誠、信、忍」。㈱一ノ蔵監査役。

佐々木 崑さん

「動物を撮ろうとすれば
その動物になりきらねばなりません」

フィールド・ワークで日本の農漁村を歩いているあん・まくどなるどさんが「原日本人」を探すシリーズに今回迎えたゲストは、写真家・佐々木　崑さん。昆虫や水生生物などのちいさな生きものを撮りつづける佐々木さんに、戦後の日本人の移りかわり、被写体である生きものたちとの交流などをお話しいただきます。

木村伊兵衛という人と知りあい、一緒に酒を飲み、旅行もしました

あん　経歴を見させていただきますと、1918（大正7）年にお生まれになって、木村伊兵衛さん（注1）に師事されたのは51年です。そのあいだの33年間、なにをなさっていらっしゃったのでしょうか？

佐々木　ぼくはもともと飛行機関係の設計技師なのです。航空隊に入隊したのは平壌ですが、そこからノモンハンに行きました。カメラをはじめたのは、小学校6年生のときですから、今から70年もまえのことです。昭和6（1931）年にトーゴウ・カメラを手にいれました。日中に露天で売っているのです。簡単な暗箱で撮ったものを現像液にいれ、つぎに定着液にいれたあと、紙をはぐとフィルムができます。それを印画紙の上におき、太陽光に当て焼きつけるのです。ぼくは元来メカが好きでしたから、このようにして12～13歳で写真の原理を会得しました。そのころぼくは舞子（神戸市）に住んでいました。現在、明石海峡大橋の本州側の根元にあたる所です。当時の小学校の担任の先生で、絵が好きな貝の収集家がおりまして、昭和天皇に収集品をお見せしたほどの人でした。その先生の影響で貝の収集や絵が好きになりました。それがのちの写真に影響したのでしょう。またそのころ、水上飛行機にのる機会があり、飛行機好きになるきっかけにもなりました。終戦後は整備を含めて飛行機に関する

仕事は一切できなくなりました。自分には設計の技術がありましたから、戦後は暖房や冷房などの設計でなんとか食ってきました。そのころは新しいパイプなどはなく焼け跡から古いパイプを拾ってきてまにあわせておりました。若かったので、飲みに行ってはどんちゃんさわぎで金はたまらない。これではいけないと、世のなかに写真ファンがでてきたところで、写真をはじめたのです。昭和22〜23（1947〜1948）年ころかと思います。

あん そのあいだ、写真は撮りつづけてきたわけですね。なんとなく〝生きもの写真家〟の原点が見えてきました。プロの写真家としては、終戦後からはじめたのですか？

佐々木 昭和20（1945）年8月15日に戦争に敗れ、飛行機はやれなくなり、会社もつぶれ、どうすればいいかということで、神戸の市場の入り口で、今でいう惣菜《そうざい》屋をはじめたわけです。闇市ではゴムのゾウリや自転車のタイヤ・チューブも売りました。

あん 佐々木さんはいい家庭に育った方と勝手に想像しているのですが、もし、戦争がなかったらなにになりになりたかったのですか？

佐々木 普通のサラリーマンでしょうね。機械関係の現場にいるか、設計関係でしょうね。ぼくが今こうなったのは一種の運命でしょうね。今振り返ってみて、わたしの人生はいい人生だった、運が良かったと思います。木村伊兵衛という人と知りあい、一緒に酒を飲み、旅行もしました。木村さんは外国へ行くと、庶民がその国を幸せと思っているか、また、為政者に対してどのような感情をもっているかということ、それと物価に関心をもっていました。木村さんが外国から生きて帰ってくるたびごと、ぼくたちはビールを飲みながらそんな話をしました。したがって、ぼくもそういうものに深く関心をもつようになりました。

注1　木村伊兵衛（きむら・いへえ）　1901（明治34）年〜1974（昭和49）年。日本を代表する写真家。日常的な庶民の生活をおさめたスナップ写真、広告写真に新境地を開拓し、リアルな肖像写真でも著名。リアリズム写真運動のリーダーのひとり。

昔は、月夜などには自分の影を踏む影ふみという遊びがありました

あん　佐々木さんというひとりの人間、またはカメラマンとして自然をどう見てきたのかということをうかがいたいのですが。

佐々木　これだけ人間が増えてくると、自然保護どころではない。世界中どこへ行っても、この20〜30年、人が増えている。東京に至っては、地面より人間のほうが増えている。

あん　もう、自然保護は無理ということですか？　自然保護というようなキャッチ・フレーズをうたっていることはまちがいですか？

佐々木　ぼくの意見では、大人はもうほとんどの人はダメ。悪いということを知っていながら、ゴミでもなんでも捨てている。子どもたちは、3〜4歳から小学校3〜4年生ぐらいまでは教育しなくても、悪いということを知っていてやらない。だが、年をとるにしたがって、感覚が麻痺してくるのです。

あん　子どもを大人から引き離せとおっしゃるのですか？

佐々木　政府は、幼児の教育を大事にしていないと思う。ぼくは文部科学省関係の仕事もしたこともありますが、自然保護といったって、いったいなにをやっていますか？

あん　わたしの知っている範囲では、農村などでは田植えなどで子どもたちへの環境教育にとり

あんさんが主宰する「富夢想野《とむそうや》舎奥仙台（松山町）無農薬農園」には、子どもたちも手伝いにきてくれている

くんでいます。こういうことで自然への姿勢がかわりますか？　今の自然教育はなっていないとおっしゃいましたが、自分の子ども時代と重ねて考察していらっしゃるのですね。

佐々木　それはありますね。だが今の世のなかではそういう子どもに育たない。

あん　育たないのですか、それとも育てないのですか？

佐々木　東京にお月さんがありますか？　昔は、月夜などには自分の影を踏む影ふみという遊びがありました。下駄の音もしました。今はそれがありません。

あん　わたしは宮城県で土地を借りて、畑仕事の真似事をやっています。近所の子どもたちが手伝いにきてくれます。昨夜はいい月夜で、畑の草とりをやっているときれいな月があがってきました。子どもたちとお月さまのウサギについて話しあったのですが、これなどはい

佐々木さんの自宅の裏庭で、対談はつづく

い教育の場だと思うのですが。東京で統一のカリキュラムが決められ、どこでも教育が受けられるようになったことはいいことですが、地方にはそれぞれ良い舞台があるのですから、それが教育のなかで生かせたらよいのですが。

佐々木　それはそうですが、日本の大都会では無理です。今、日本の40～50代のお母さんたちはなにもわかっておりません、彼女たちが育てられたときには、もう、美しい自然のない時代になっておりましたし、そんな教育も育て方もされていませんでした。

わたしは終戦後、アメリカ軍のジープのドライバーをしておりました。ジープというのはキイが車に備えつけになっていて、キイをまわせば発車できるようになっております。ある日停車しているジープにちいさいアメリカの子どもが運転席にのって遊んでおりました。危ないと思ったのでしょう、アメリカの婦人が子どもをとらえてそんなことしてはいけないと、しつけのために子どもの尻をぶちました。アメリカ人のお母さんが跳んでてきて、「サンキュー、サンキュー」といって子どもを引きとりました。アメリカでは子どものしつけのためには他人の子どもでも叱ります。日本ではそういうことができない。子どもが泥靴で電車の座席にあがってもだれも注意しないし、できない。

あん　日本はどこでかわったのですか？

佐々木　終戦直後、日本はアメリカの真似をしたのですが、悪いところばかりを真似した。アメリカのしつけというようなものは学ばなかった。終戦後ダメになったのは日本だけではなく、ドイツも近年ダメになった。その原因は、終戦後は子どもたちの学校教育をないがしろにしたことです。その結果が今、現れているのです。これを良くするためには、いったん落ちるところまで落ちてしまわねばならないでしょうね。少年の殺人事件など昔は考えられなかった。あんさんには悪いけど、アメリカ人やヨーロッパ人など肉食人種は血を見ることは平気です。動物を殺し、肉を食べ、ソーセージをつくります。昔の日本人は血を見ることは余りなかった。鶏を料理するとき、鶏が殺され血が流れるのを見ると、もう食べる気になれなかったものです。

あん　日本人が血を見るようになったことは良くなかったとおっしゃるのですか？

佐々木　それが良くなかったとは思いませんし、食べることは構いません。血を見ることは徐々に慣れていくでしょう。草食動物が肉食動物に食われてしまうということは仕方がないことです。昔、ヨーロッパ人は食糧のため家畜を戦場につれて行き、必要に応じて殺して食べました。肉食人種はあたりまえのこととしてこれができた。日本人は草食人種なので肉を食うということは非日常なことでした。

あん　肉食人種と草食人種では命に対する感性がどのようにちがうのですか？

佐々木　たとえば、おなじ殺して食べるにしても、おまえのおかげでおれは生きていけるのだと感謝して食べるのと、ここはうまいあそこはまずいといい、食べたあとはほっぽらかしにするのとではぜんぜんちがいます。自分が生きていくために犠牲になってくれているものがあるという総合的な観念があればよいが、殺す場面も見ていなければ感謝の念もないというのが一番こまる。

ぼくは100面相。トンボを撮るときはトンボ、カエルを撮るときはカエルになる

あん　先生はお仕事をやっていて、いろいろと神秘的な体験をなさっておりますね。たとえばヘビのヤマカガシなどは、なかなか生まれてくれなくて、たまたま先生が座をはずされたときに生まれた話がありました。そこから、先生は卵をあまり見つめてはダメだとおっしゃっていますね。むこうも見ているからと。

佐々木　卵でもなんでも見つめてはダメです。スズメを撮ろうとしてカメラをむけると逃げます。テレパシーを感じるのです。ヘビの場合は動きに対して反応する。ぼくがこんな機械を使っているのは、できるだけこちらの動きが見えないようにしているのです。光を遮断すると反応するもの、音で反応するものといろいろあります。

あん　宮城の農村で畦道《あぜ》の動物を撮ろうとしたことがあります。彼らは人間を感じてサッと身をひきます。動物を撮るということは人間を撮るより大変ですね。

佐々木　動物を撮ろうとすればその動物になりきらねばなりません。昆虫学者でカマキリのような顔になった人がおります。岡山のカブトガニの学者はカブトガニのような頭をしておりました。そこまでいかないと動物は逃げてしまいます。また、動物を直視してはいけません。目の視野にいれるが、テレパシーを感じさせないようにして撮るのです。捕まえようとか殺そうと考えただけで相手にすぐ知れます。不思議なことですが、事実です。

あん　わたしの場合、「撮りたい！　撮りたい！」という気もちが先行しすぎるのですね。

佐々木　女の人をうしろからじーっと見つめてごらんなさい、かならず振り返ります。テレパシーを感じるのです。

あん　先ほど生きものの顔に似てくるという話がありましたが先生の顔はなにに似ているのですか？

佐々木　ぼくは100面相。トンボを撮るときはトンボ、カエルを撮るときはカエルになる。動物がテレパシーを感じる話をしましたが、昔、戦地で死んだ息子がお母さんの夢枕に現れるという話があったでしょう。あれはお母さんが太古の人間の世界、虫や魚の世界に一時的に帰っていく現象なのです。本来の人間の自然というものはこういうものなのでしょうね。

「人のやらないこと、人のできないこと、3日でも4日でも眠らないでやること、体力のいることなどのぼくなりの仕事がまあまあできたと思っています」
——佐々木

ご自宅の植木を被写体に撮影する佐々木さん。わたしたちも実際にファインダーをのぞかせてもらった

「カメラ自体が良くなってきたので、土門さんのように写真に魂をこめるということがなくなったのですね」――あん

「生まれる」ということに自然の壮大なドラマを感じ、ちいさな生命を撮りつづける佐々木さんとのお話は、写真家仲間のこと、被写体のこと、撮影のスタンスなど、さらにつづいていきます。

木村伊兵衛、土門　拳さんとの交流

あん　佐々木さんが『木村伊兵衛と歩いた東京』の写真集にみられますような人物写真から、現在のようなミニミニの生きものの世界にはいっていかれた理由をうかがいたいと思います。木村さんとおなじ時代に土門　拳（注2）さんという写真家もいましたが。

佐々木　土門さんには木村伊兵衛とまったくちがう写真の撮り方がありました。土門さんが鹿教湯《かけゆ》温泉でのリハビリ療養中のところをムービー撮影に行ったことがありました。車椅子にのってみえました。温泉をでてお寺に行く途中にちいさい渓谷があり、もみじが紅葉していました。土門さんのシャッターを切る瞬間を写真に撮ろうとわたしはボレックスというカメラを構えました。ボレックスというカメラはバネ式になっていて、一定の時間が来ると止まってしまいます。

さて、写真を撮る段になると土門さんは対象をグッとにらみつけて動かないのです。ボレックス・カメラの時間切れになるのではないかと心配していると、さいわい土門さんはカッとにらむようにしてシャッターを切りました。わたしは木村写真の撮り方はよく見ておりまし

たが、このとき土門さんを見ていて、「ははーこれが土門流写真だな」と納得がいきました。仏像を撮るときでも、仏像は動かない、光もかわらない、それでも土門さんは対象をグッとにらみつけて、なにかピーンと感じたときにグワーと撮っていると思いました。

あん　写真に魂をいれるのですか？

佐々木　そうです。それが写真にでると思います。土門さんは仮にわたしたちとならんでおなじものにピントをあわせて写真を撮っても写真がちがうと思います。

あん　木村さんの写真の撮り方はどうですか？

佐々木　木村さんの場合はですね、いつ撮ったかわからない場合があります。ぼくは木村さんの助手でしたが、木村さんは自分よりうしろは絶対に撮らない。まえのみで、あともどりはしない。それで一定のテンポで撮る。冗談をいいながらですよ。午前中の早目と夕方のちょっとまえに撮り、日中は撮らない。そこいらを歩いたり、たたずんだりするがすわらない。1日にフィルム2〜3本、撮って帰る。翌日になると「崑さん、ベタ焼きができた、見に来い」というから見に行く。ひと晩のうちに自分で全部やってしまうわけです。それでぼくは行って見ると、アレこんな写真いつ撮ったのかなという写真が2、3あるのです。

あん　自分で自分の評価をしたら佐々木さんはどういうカメラマンですか？

佐々木　ぼくは木村さんとも土門さんともちがうカメラマンです。「鳴くまで待とうホトトギス」というのがあるでしょう。わたしのスタイルは、いわゆる徳川家康の鳴くまで待とうというやつで、ひとつは明治・大正時代の人間であり、もうひとつは軍隊時代の影響でしょう。軍隊時代には3日も4日もメシの食えないことがあり、眠ることができないことがあるのです。片目ずつ眠るという特技も、そこからきたのです。

人のやらないこと、人のできないこと、3日でも4日でも眠らないでやること、体力のいることなどのぼくなりの仕事がまあまあできたと思っています。

あん　人間嫌いで、人間を撮るのをやめて自然界にむかわれたのかなと思っていました。

注2　**土門　拳（どもん・けん）**　1909（明治40）年～1990（平成2）年。「土門　拳のレンズは人や物を底まであばく」と評された写真家。仏像や寺院の記録写真は、独特の土門　拳の世界を創出している。

生まれるということは自然のなかの壮大なドラマとしかいいようがない

佐々木　東京シネマという世界的に有名な科学映画会社があります。そこで「生命の誕生」という、鶏の卵が胚から成長していって鶏になって生まれてくる過程を撮影している現場にでくわしました。

考えてみると世のなかには、これだけたくさんのハエやカやトンボがいるのに、われわれはそれらが生まれてくる瞬間を見たことがほとんどないことに気がつきました。生命というものはすばらしいものであり、それが生まれるということは大変なドラマであり、自然のなかのもっとも重要なテーマであるから、まず撮ろうと思いました。撮りだしたら対象はちいさなものであるので接写とかいろいろな器具を使うことを考えるようになりました。

あん　そういうちいさい世界に引きこまれていった動機はなんですか？

佐々木　あれだけたくさんいるスズメがコロリと死ぬ姿を見たことがない。ハトもハエもネズミも同様で、パタリと死ぬ姿を見ることがない。ということは、死ぬということはどういうことで、

⬅カメラ機材、撮った写真のネガやポジ・フィルムが見事に整理されている佐々木さんの仕事部屋

あん　生まれるということはどういうことか、自然のなかの壮大なドラマとしかいいようがない。生命の誕生がわかってくると命というものはどういうものかがわかってくる。生命に関する認識が深まってくるとおもしろいので子どもにむけて話をしたり、本を書いたりしました。

佐々木　生にひかれて死の方に、ひかれなかったのは、どういうわけですか？

あん　死は生のあとにやりたかったことなのです。生をやると死はなにか、ということがわかってくる。生と死のちがいは、死は動かないということです。死んだ瞬間は目方も体温ものこっている、色もかわらないのに心臓と肺は動かない。

それから、生命が誕生するということは動くということです。機械でも自動車でもカメラでも人工のエネルギーをあたえないと動かない。生命の誕生のときはエネルギーを他力であたえなくても動く。それが生命なのです。動くかどうかというのが生命なのです。

佐々木　生命の意義を追究しようとなさったのですか？

あん　それはありません。ぼくは最初、最低の生活をしている人、こまっている人を撮っていました。ちいさい生きものを撮っていますと人間社会にある生存競争が彼らのなかにもあることに気づきます。生まれるなり、強いのも弱いのもあるのです。トンボなどで、生まれた直後に伸びるはずの羽がピンと伸びないのがいます。ちいさいなりに一所懸命もがきます。それを見ていると、ほかをそっちのけで「がんばれ、がんばれ」と声をかけてしまいます。

佐々木　今ではカメラが良くなりましたが、その分、写真に心がこもらないようになりました

あん　写真の対象はどうやって探されたのですか？

佐々木　最初の1年は飯を食うときも寝るときもそればかりを考えておりました。5年ぐらいたつと、やっとガのことはあの研究所に行けばわかるということがわかってきます。科学者というのはご存知のように分類学をやっている人、生態学をやっている人といろいろあります。生態学をやっている人になんとかの孵化《ふか》をたずねますと、何月ごろにいらっしゃい、ということになります。

　雑誌というものは月に1回でしょう。締め切りに追いつめられることもありますが、不思議にコレというものがひらめくものです。だからぼくは穴をあけたこともないし、撮りそこなったこともありません。おおくの昆虫たちの孵化《ふか》は3月から7月までで終わりです。真夏は冬眠の反対で夏眠といい、土のなかにはいって休んでしまいます。8〜9月から冬にかけては、魚がはじまります。また春になると虫がはじまります。

あん　佐々木先生はアシスタントとか弟子をおいたことはありますか？

佐々木　ない。ぼくはそばでうろうろされることは嫌いだ。

あん　自分の世界を伝承していくという意味で弟子をおきたいということはなかったのですか？

佐々木　やりたいという人はいました。ぼくは材料とどの人にあったら良いかは教えましたが、弟子はとりませんでした。ぼくの撮り方はだれにでも公開しておりました。でも、ついてくる人はおりませんでした。

　今ではカメラが良くなりましたから、だれでも撮れるようになりました。その分、写真に心がこもらないようになりました。昔は、シャッター速度と絞りを工夫したり、現像でも増感をしたり減感をしたりして、36枚中1枚でも良いのが撮れたらいい方でした。

あん　カメラ自体が良くなってきたので、土門さんのように写真に魂をこめるということがなくなったのですね。

佐々木 土門さんにも、木村さんにもそれぞれ特徴がありました。ぼくは木村伊兵衛の弟子ということになっておりますが、木村伊兵衛の写真をつごうという気もちはありません。木村写真は木村伊兵衛だけのものだと考えています。

昔は、まんまるいお月さまを見てウサギを連想したものです。童謡に歌われてもおり、お月さまは美しいと思いました。だが、今では科学的に見るだけで、人工衛星でそこに行けるかどうかしか見ていない。科学は万能のようなことをいうが、海の塩水の濃度が何万年もかわらないことを証明できるでしょうか?

あん 科学者と接していて印象にのこった先生はいらっしゃいますか?

佐々木 青森とか三重とか、田舎にはおりますが東京にはおりません。田舎にいる先生には人生観があります。

あん 人生観があるというのはどういうことですか?

佐々木 わたしは生きているとか、生かされているという実感があることです。科学はなんでもわ

佐々木さんの仕事部屋で、話がはずむ

りきっていく、わり切れるものは規則正しくきれいなものではあるが、おもしろみがない。純水でないから涌き水は美味しいのです。純粋とか完全無欠というものはあまり人生に影響はありません。

青空を見たり、山へ行ったり、海へ行ったりして、「あーあ、いいな」と思える人はいい。思えない人のほうが今はおおいと思う。ビルがあれほど建つということはその証拠です。あんなものは家でもなんでもないですよ。シロアリだってあんなものは建てないよ。

「よく見ているとぼくも生きており、虫も生きている。おたがい一生があって子どもをのこして死んでいく。おたがいなにかの役に立ちながらこの世を去っていく」——佐々木

「そのちいさな虫が、今の環境問題に対してなにか叫んでいるような気はしませんか？　人間によって壊されてしまった自然に対して、彼らはなにを叫んでいますか？」――あん

ちいさな生きものを撮りつづける写真家の佐々木　崑さん。現代人に対するきびしい視点と生命全体に対するあたたかいまなざし……。

主観をいれない、虚心坦懐《きょしんたんかい》に、いいなと思いながら撮る

あん　わたしはフィールド・ワーカーとして農村や漁村に行くとき、メモがわりにデジタル・カメラを携帯します。相手を撮るとき、「カメラを感じさせないように」、といわれているのですが、佐々木さんはミニ世界を撮るとき相手とどうむかいあうのですか？

佐々木　まず、主観をいれない。あいつはいやなやつと思って撮るとそのようにしか撮れない。虚心坦懐《きょしんたんかい》に、いいなと思いながら撮る。今、ぼくは40年ほど以前の武蔵野の写真を整理しているのですが、これまでに武蔵野を題材にした場合にはカメラのうまいのと、文章のうまいのがいる。国木田独歩の場合は文章がうまい。今、ぼくは独歩に挑戦している。関東にでてきて武蔵野を見たとき、ああいいなと思った。1年くらいたって独歩を読むと、『分かれ道に来てどちらに行ったらよいかわからないときはステッキを立てなさい。そしてステッキのたおれたほうへ行きなさい。狭くて汚い道でも行きなさい。行ったらかならず農家があってそこで道を聞きなさい』というのがあります。たしかに、実際にそういう場面

が武蔵野にはある。分かれ道は写真にはなりますが、狭い道を行こうという気もちは写真ではだせない。だが、写真でもただ見るだけでなく読んでほしい。動物写真を見てかわいいなという対話がほしい。ゴキブリはたしかに醜い。でもなにかの役に立つためこの世に存在している。生まれてくるものに罪はない。なんとかかわいく撮れないかなという思いで撮りました。人間でも動物でも子どもは、みんなかわいいものです。

あん　人間の3歳くらいの子どもは黒でも白でも黄でも集まればみんな仲良く遊ぶ。それが年をとると「あんちくしょう」ということで喧嘩をしたり、宗教がちがうだけで殺しあいをする。ちいさいものを見ていると人を見る目もかわってきますか？

佐々木　かわってきますね。人間というものは、ときには愚か者になります。ダイナマイトにしても、ロケットにしても発明した人はあとで後悔していることがおおい。人生というものにまったく感じないバカどもは科学で戦争をする。ブッシュ大統領などは金もちのボンボンで親父の敵討ちのつもりでイラクに攻撃をしかける。自分はなにも不自由していないし、鉄砲の弾が飛んでくる恐れもない。戦争に行くのは、ひょっとすれば貧乏人の子どもだったりする。

苦しんでいるのを見るとつい「がんばれ、がんばれ！」と声援を送りますね

あん　先生の本によりますと『わたしがちいさい生きものたちと会話ができるようになったのは、わたしもちいさい生きものたちの仲間になれたからだと思っている。これは愛といえるかもしれない。とにかく、自然はすばらしい力もちでありながら、とてもやさしく魅力的である』というくだりがあります。その心境はどういうものですか？

佐々木　それはね、ちいさい虫を、クローズアップ・レンズを通して見ると、おおきさという感覚がなくなる。ちいさい虫の顔も目も口もよく見える。ものをいえば聞こえるくらいよく見える。よく見ているとぼくも生きており、虫も生きている。おたがい一生があって子どもをのこして死んでいく。一生に長い短いはあるが、短いなかにも虫の一生がある。虫にしろ魚にしろ短いあいだに子孫をのこし、おたがいなにかの役に立ちながらこの世を去っていく。

人間にも人の役に立たずに死んでいく人はおりません。自然から見ると動物も植物もおなじです。交尾して産卵するもの、受精して種をのこすものなどいろいろあるが、輪廻《りんね》というか回転しているのです。食物連鎖というのか、生きとし生けるものはすべて関連し、おたがいに利用し利用され網の目のようにして生きている。動物であろうと植物であろうとなくていいものは、もうとっくになくなっている。生きている以上はなにかの役に立っている。ゴキブリのように気もちの悪いものはあります。だが、それは先入観です。

あん　生きものを撮るとき5日間一睡もしなかったとありますね。なにが先生をそんなにがんばらせるのですか？　仲間だからですか？

佐々木　おまえもおれも生きているのだという気もちで一心同体になりますね。

あん　そのちいさな虫が、今の環境問題に対してなにか叫んでいるような気はしませんか？

佐々木　彼らはものをいいませんが態度や動作でわかりますね。苦しんでいるのを見るとつい「がんばれ、がんばれ！」と声援を送りますね。またそれがあったからつづいたのかもしれません。

あん　人間によって壊されてしまった自然に対して、彼らはなにを叫んでいますか？

佐々木　昔の聖人には宇宙観というものがありましたが、現代人の考える宇宙は宇宙飛行士の見た宇宙とか人工衛星の宇宙とかで、自然とはなにかということはもう考えられなくなりました。

現代人は自然を見ておりません。その点では田舎の人のほうがいい。イネがたおれればそれについて考え、来年［2004（平成16）年］はたおれないようにするにはどうすればよいか、自然との対話があります。東京のまんなかには自然はないでしょう。本当の幸せというのは子どもに浴衣を着せ下駄やゾウリで盆踊りに行く、そんなところにあるのではないですか？

今の日本人は、人そのものが心の人間ではなくカネの人間になってしまっています

佐々木　エジプトにはピラミッドがあります。一部のピラミッドは紀元前7000年前後にできていて、もう一部のピラミッドは紀元前5000年にできております。その間プツンときれております。なんらかの関係でつたえていく手段が途切れてしまっているのです。ある文明の終わりに爆弾でも発明されてピラミッド技術をもっていた人たちが、いっせいに殺されたということも考えられます。ノアの箱舟の話もありますように、一部の人が生きのこってつぎの文明をつくりあげたということも考えられます。地球上の人口がどんどん増えている。一方では核兵器が発達しているので、ある日これが爆発して人類が滅びてしまうことも考えられる。

あん　人間に対するきびしいご意見をうかがいましたが、先生が「地球環境映像祭」の写真部門の審査員をやられているときに発するメッセージには、なにかあたたかいものがあると思います。生きものに対しても、人間に対しても。

佐々木　観光とか宴会とかでなく、ときには目的もなく山とか海に行って大自然の懐に抱えられてみるとよろしい。山のなかは暗いので星もよく見えます。そいう経験を年に1回くらい家

あん　族と一緒にするとよいと思います。

佐々木　先生は終始一貫しておまえたちは、もっと自然に帰れとおっしゃっていますね。

あん　今は、カネ、カネ、カネの世のなかで、世のなかをわからないものにしてしまった。先生の写真集『小さい生命』には一種の解決がありますね。誕生あり、死あり、喜びあり、悲しみあり、ですからね。

佐々木　日本人はこういう本をあまり見ないですね。ぼくがヨーロッパに行ってこういう本を見せると、うらやましがられます。まず、こんなにいろいろな生きものがいるのかと驚かれます。ヨーロッパは高緯度なので生きものがすくない。この本を見ると、「おお！　日本にはこんなにたくさんの虫がおり、魚がおる」と大変喜んでくれます。

あん　おなじ佐々木さんの本を見るのに日本人とヨーロッパ人でちがうのですか？

佐々木　今の日本人は、人そのものが「心の人間」でなく、「カネの人間」になってしまっています。カネさえあれば良いという人間が親から子、全部に行き渡ってしまったのではありませんか？

ぼくもボツボツ人生の終わりに来ていますが……

佐々木　ぼくもボツボツ人生の終わりにきていますが、ぼくが現在こうしておれるのは、全部つながりがある。つまり、人と人とのつながりが、ぼくをここまでもってきているのです。明日のことはわかりませんが、今までのところは、いろいろなことを教えられたり勉強したりしたものです。大阪では手形詐欺にもあいました。だから今では、悪いことにあうことはない。悪いことをやる人間がわかるからです。正直で真面目な人はだまされる。いろいろな世界を歩いてきて現在のぼくがある。人間というものは悪いこととか、人に嫌われることをしなければ、そこそこ楽しい世界がつぎつぎと生まれてくるものです。

あん　そろそろ自分のまとめにはいるといったら言葉が悪いかもしれませんが、最後のまとめといったらなんでしょうか？

佐々木　なるようにしかならないように思います。

［2003（平成15）年8月11日、埼玉県飯能市の佐々木さんの自宅にて］

佐々木　崑（ささき・こん）

1918（大正7）年、中国青島生まれ。1951（昭和26）年、木村伊兵衛に師事。1955（昭和30）年、神戸市でカメラ店を開き、1960（昭和35）年にフリー・カメラマンとして上京するまで、商業写真スタジオの経営をつづける。1963（昭和38）年、科学映画社東京シネマ社に入社、スチール写真を担当する。1966（昭和41）年1月号から、『アサヒカメラ』誌で「小さい生命」を13年6か月連載した。いったん休載。1983（昭和58）年、『アサヒカメラ』誌の3月号から「新・小さい生命」として連載を再開、1991（平成3）年12月号まで、通算25年、258回にわたって、小さな生きものを撮りつづけた。著書に『小さい生命』（71年、朝日新聞社）、『生命の誕生』（78年、家の光協会）、『新・小さい生命』（92年、朝日新聞社）のほか、子どもむけの「かんさつシリーズ」（フレーベル館）から『ホタルの一生』『カイコの一生』など。自然科学写真協会会長。

岩澤信夫さん

「たくさんの命が循環する環境ができるから
トンボやカエル、クモも田んぼで生きていける」

「生きものがたくさん住める環境づくりが、
強いイネづくりにつながっている。
常識をかえることになりますね」――あん

ちいさな土壌生物から鳥まで、多様な生きものがあふれる田んぼづくりをすすめる岩澤信夫さんを訪ねたあんさん。国づくりの基盤をささえる農業の未来像を語っていただきます。

カチンカチンのなかに田植えをすると強いイネができる

あん わたしが実験的米づくりをしている、宮城県松山町のローカル新聞の一面で、田んぼに水が溜まってこまっているという見だしがありました。不耕起栽培、冬期湛水は、今常識とされている考え方と、それが本当の常識かどうかは別の問題ですが、ぶつかっているような感じですよね。

岩澤 昔の田んぼにもどそうと思ったわけです。

あん 昔の田んぼをとりもどそうとしながら、未来の田んぼをつくっているようですね。伝統的な方法を生かしながら新しい技術とのミックスでつくっているんですね。

岩澤 むしろね、昔の田んぼにもどそうっていうのは気もちのうえではあるんですが、本当は最先端をいく近代農業なんですよ。

学問的にはまだ解明されていないけど、田んぼっていうのは粘土質ですから乾かすと粘土みたいにかたくなっちゃう。普通の田植えでは代かき（注1）をして土を機械的にトロトロにして、柔らかくしてから苗を植えます。不耕起栽培では、かたいところに切り溝をつけながら田植えをしていく。

そうすると、イネの苗が根を張るときに、耕していないかたい土につきあたっちゃう。この根先の抵抗がストレスになり、イネの野生化をうながすんです。だって野生植物が育つ自然界にはもともと土を天地返しした場所はないんです。

あん　そうですね、考えてみれば。

岩澤　崖崩れとか、洪水でもないかぎり、土は反転しない。耕した場所でしか生息できない植物っていうのは地球上には現存しないでしょう。草だろうが木だろうが、耕さないカチンカチンのところでも根を伸ばして子孫を繁栄させる。イネもその仲間。カチンカチンのなかに田植えをしてみると、イネは冷害にもやられない、病害虫にも負けない、倒伏もしない。そういう強いイネができるんです。

あん　弥生時代からイネとつきあってきた日本人。耕すことを農業の基本と思ってきたのですから、それはなかなかやめられませんね。

岩澤　おっしゃるとおり、この農業技術が急激に広まらない原因は、土を耕さない状態のままで田植えをすることにあります。「農は耕すことなり」っていう言葉があるでしょう。

あん　やっぱり耕すっていうことが農業の常識ですよね。

岩澤　ええ、常識だと思う。ところがイネは耕さないところで子孫を繁栄できる遺伝子をもっている。ここにわれわれの錯覚があったわけですよ。かたいところに田植えをした場合には、逆に反射的に強くなるということを見つけた。

あん　日本だけじゃなくてカナダでもよくいわれることですが、農家は保守的な傾向が強い。自然に激しく左右される職業ですから、安定志向を求めたがるのもわからないでもないんですが、不耕起に切りかえて一番いい状態がつくれるまでに何年かかりますか？

岩澤　条件設定をきちんとすればね、その年からでもある程度は穫れる。この農業技術では10アール（約300坪）100キロぐらい増収する。でも、米が余っている状況だから、あまり増収を目指さないほうがいい。むしろより安全・安心、そして異常気象でもそこそこ安定した収穫が得られる米づくりを目指したほうがいい。冷害の今年［2003（平成15）年］は、わたしの住む千葉県佐原市近辺ではコシヒカリだと、不耕起でだいたい8俵半から9俵、慣行農法の水田では6俵から7俵。

あん　冷害のときにうらやましい収量ですよね。

岩澤　これ（次ページ写真上）がイネの比較なんです。慣行栽培の代かきで機械的にトロトロにした層は、イネ刈りのあとに田んぼの土を掘って乾かして観察してみると、表土から約1センチなんです。不耕起にすると生きものがつくった「トロトロ層」は約2センチに、さらに不耕起で冬場に水を張る冬期湛水にすると、3センチから4センチ。このちがいはなんだろうって。

あん　一般の耕起栽培の根は弱々しいもやしみたいな、かわいそうな感じがしますよね。でも不耕起にかえても、1年目からこうはならないでしょう？

岩澤　なるんです。なぜなるのかっていったら、イネを刈ったら米ぬか100キロを田んぼに撒いて水を張る（冬期湛水する）わけですよ。わたしたちはイネの肥料にと思って米ぬかを撒いたのですが、そうではなかったんです。米ぬかを撒くことによって、微生物からはじまってそれをエサにイトミミズとアカムシ（ユスリカの幼虫）とアブの幼虫、トビムシなどの土壌生物まで増えたのです。ミミズ類はアース・ワームっていわれるくらいの土の開拓者です。幅20センチ×長さ50センチの木の枠で田んぼのトロトロ層と表面の土をとって、なかのイトミミズをカウントしたら、不耕起栽培導入の1年目で200万匹、2年目で300万匹もいた。田んぼにイトミミズがいるなんて農家は思いもしなかったんですよ。でも、いたんです。

写真上　トロトロ層比較。左から、不耕起・冬期湛水水田、不耕起水田、慣行水田

写真中　1991（平成3）年に大発生したアキアカネの群舞。秋に土を耕さないので卵が埋まらず大発生したようだが、なにを食べて育ったかは当時わからなかった

写真下　1999（平成11）年、田んぼがメダカでいっぱいに。野生のクロメダカは翌年に絶滅危惧《きぐ》種に指定された

あん　岩澤さんの自然観察のエネルギーはすごいですね。土のなかのちいさな生きものにも絶えず目を配っていますね。

岩澤　さらにイネを刈って水をいれると酸素が中断されますから秋草も冬草もでないんですよ。それでイトミミズが表土の5～6センチくらいまで耕して、イトミミズの糞でできたトロトロ層が雑草の上をおおうので、雑草が生えない。しかも同時にトロトロ層は膨大な肥料になって、イネがおおきな株になっちゃうんです。これで10俵近くもとれるってわかったんです。

あん　生きものがたくさん住める環境づくりが、強いイネづくりにつながっている。これも今までの常識をすこしかえることになりますね。

岩澤　冬期湛水で圧倒的に増えた何百万匹ものイトミミズやアカムシがイネを育てて収穫にまで貢献してくれていたのです。しかも、田んぼに生きものがいっぱいいることが大事だとわかった。アブの幼虫やトビムシなどイネに害をあたえない「ただの虫」でも、田んぼのなかで枯れた葉やワラを分解してほかの生きもののエサをつくったり、クモなどに食べられたりというたくさんの命が循環する環境ができるから、イネの天敵といわれているトンボやカエル、たくさんのクモたちも田んぼで十分生きていける。イネの害虫だけが極端に増えるっていうことがないんです。冬期湛水で、絶滅に瀕しているアカガエルももどってきた。それまで早春に産卵できる水のある場所がなくなっていたんです。卵塊がいくつもできて、そのうち田んぼの畦《あぜ》はちいさなカエルだらけ。踏まないようにするのが大変なくらいです。畦《あぜ》からの害虫の侵入も防いでくれます。

注1　**代かき（しろかき）**　田植えまえの田に水をいれ、田を耕すこと

底辺から頂点までこんなに生きものの豊かな田んぼはない

あん　いろいろな鳥も集まるようになったそうですね。それにしても、鳥の本能ってすごいものですね。彼らはナビゲータももっていないのに、どこの田んぼに降りればいいのかを体のなかの本能で知っているのですね。

岩澤　２００メートルも３００メートルも上を飛んでいる鳥が、なんでこの不耕起の田んぼを目指して降りるのか、いまだにわからない。それをずっと目の当たりにしてきたわけですよ。最初は、田んぼにトンボやタニシがたくさん湧くのでガンやハクチョウは、それを目当てに食べに降りてくると思っていた。何年かして、ガンやハクチョウが動物を食べないベジタリアンだとわかったんです。落穂や古株を食べるのです。

冬期湛水の田んぼでは、とにかくシギやサギ類、カモなど田んぼの生態系の頂点に立つ鳥類がたくさんやってくるんです。底辺から頂点までこんなに生きものの豊かな田んぼはないですよ。

これ（225ページの写真中）が13年まえにわたしたちの田んぼにでてきたアキアカネ。

あん　これはアカトンボ？

岩澤　正確にはね、アキアカネっていうんです。これは6月に飛びだすんです。

あん　わたしの松山町の田んぼにはポツンポツンとしか飛んでないんです。有機栽培ではあるんですけど……。この写真で見ると、網の目のように飛んでいますね。

岩澤　1週間から10日間、毎日毎日田んぼで孵化《ふか》して飛んでいく。オーバーにいうと、30アールで10万匹も飛びだしたこともあります。なんでこんなにでてきたのかわからなかった。ヤゴのエサはなんだろう、なんだろうって十数年間思っていて……。

あん　答えは？

岩澤　イトミミズやアカムシだったんです。10年もたって、やっと答えが見つかったんです。それだけじゃない。ただでさえ、不耕起の田んぼではドジョウはタライにいっぱいとれるし、毎年生きものが増えてどうしてだろうと思っていたんです。タニシなんか、田んぼの表面に積もるほどに発生したこともあります。こちらは、藻類がエサだったんです。

こんなにたくさんの生きものが発生する田んぼでメダカを増やせるかどうかを試したのが1999（平成11）年のことです。こんなにメダカもでてくるんです**（225ページ写真下と次ページ写真）**。

あん　すごいですね、こんなにメダカが泳いでいるのは。

岩澤　メダカが増えるには水のなかに十分な溶存酸素があることが必要なんです。それから十分なエサがあり、共食いを防ぐための環境条件がそろってないといけない。卵が孵化《ふか》して、動きだすと親兄弟が生まれたばかりの赤ちゃんメダカをボウフラと見分けがつかなくて食べちゃうらしいんです。だから隠れ場所のない水槽では育たない。ところがこの田んぼではサヤミドロっていう藻類が一面、じゅうたんのように広がっているんです。エサも隠れ場所もあるんです。

あん　佐渡ではトキを自然に帰すために、田んぼの生きものを増やす活動をしている人たちがいますが、田んぼが地域の環境再生に役立っているのは、佐渡だけではないんですね。

岩澤　昔は、ワラを日用品や土壁の材料、そして家畜の敷材、燃やして灰にし肥料として使い切っていたので、田んぼに藻類が発生したりしなかった。今はコンバインが普及したためイネ刈りどきにワラが田んぼにばら撒かれるようになったんです。耕した田んぼではワラは土のなかで腐って分解します。不耕起の田んぼでは、水面や水中で分解します。そのときに藻類が自然に発生するんです。しかもその藻類が水中で光合成をして、水に溶けきらないほどたくさんの酸素を吐きだしているんです。

翌年の2000（平成12）年、メダカが絶滅危惧《きぐ》種（当時の環境庁のレッド・データ・ブック発表）になったというんで、農家が仕事にならないほど取材や見学の人が殺到してしまったんです。不耕起の田んぼにはいくらでも増えていたから、危惧《きぐ》なんてピンと来なかった。日本中の人たちがメダカまで絶滅に追いこんでしまった環境悪化への危機感を募らせたんですね。

メダカのがっこう

岩澤さんが提唱する不耕起栽培・冬期湛水農業技術の応援からはじまり、生きものがたくさん住む田んぼづくりの普及や佐渡でトキを野生化するプロジェクトを進めている。佐渡などでの田んぼの生きもの調査など、農業・食糧問題から環境教育までをつなげた活動も展開している。

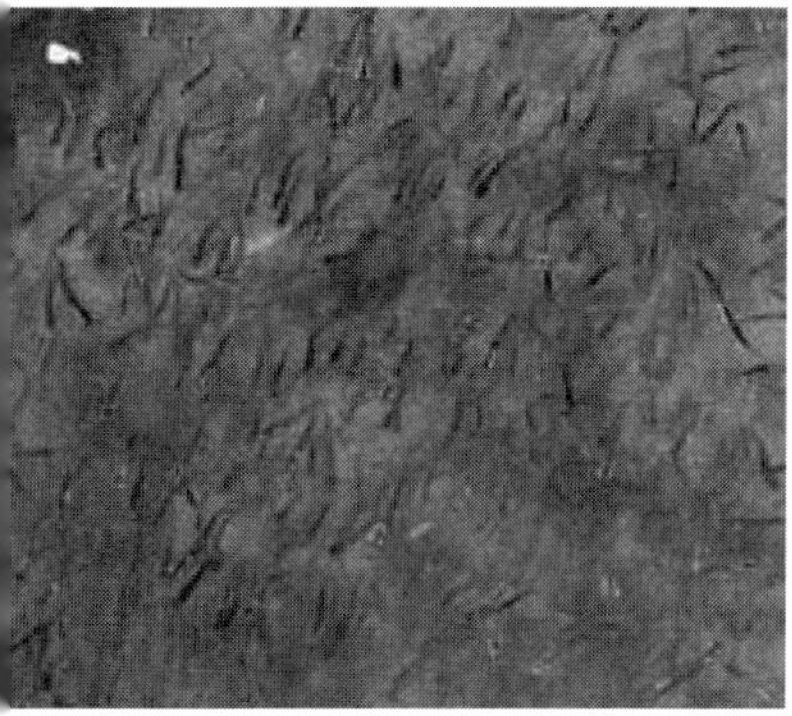

メダカ（岩澤さん撮影）

「田んぼが田んぼとして維持されていかなかったら、エネルギーが枯渇したときの絶滅危惧《きぐ》種は日本人ですよ」――岩澤

「常識をくつがえす農業技術ですが、どうやって不耕起の仲間を増やしたんですか？」――あん

岩澤さんと不耕起栽培との出会いからはじまり、戦後の農業のあり方を振り返り、消費者を巻きこんだ新しい農業の方向性へと話題は移ります。

イモチ病にかからなかった不耕起栽培のイネ

あん 岩澤さんが農業指導者になった背景を聞かせていただけませんか？　そして、どのようにして不耕起栽培にたどり着いたのでしょうか？

岩澤 不耕起栽培にはいったきっかけは、スイカの先進的な栽培技術を青森県で教えようと行ったとき。

あん そのときは自分でもスイカをつくっていたんですか？

岩澤 じつは、わたし、イネでも、なんの作物でも、触るのいやなの。

あん おもしろいですね。作物に触るのもいやなのに指導者になるなんて。

岩澤 いや、触っちゃうとのめりこんでわかんなくなっちゃうんです。できるだけ離れるっていうことですよ。

あん というと？

岩澤 触るのがいやだっていうのはひとつの表現で、深みに行かないで浅瀬から農業を、日本を見るということ。グローバルな視点から見るといえるかもしれない。

あん ある意味、最先端で走ってきた農業コンサルタントといえますね。青森県にスイカ栽培を教えに行った岩澤さんがどうして米づくりを？

岩澤 高度1万メートルから下を見ていたら道路のあいだに黄金色の田んぼがある。黒い山をこえると道路があってその先にまた黄金色、その先も黄金色の田んぼが見えた。畑はわからなかったんです。

あん そんなに上から見たらわからないでしょうね。

岩澤 そこでわたしのやっていることはまちがいじゃないかって感じたんですね。日本で田んぼを

あん やらなければ農業をやる意味がないなって思っちゃったんですね。

あん わたしは逆の考えです。日本はもうちょっとほかの作物もつくらないと危ないなって思うんですけど……。

岩澤 日本っていう国はイネづくりで国家を形成した国なんです。日本人の遺伝子のなかにあるイネへの思いがわたしのなかで呼び覚まされたんですよ。それで東北にお米づくりを教わりに行っていたんですよ。

あん それはいつごろの話ですか?

岩澤 昭和55(1980)年、冷害の年です。もともとわたしたちは冷害対策から出発したんです。冷害に強いイネづくりにとりくむなかで冷害に強い苗づくりを見つけて普及するのに4年かかりましたよ。そのなかで不耕起移植に気がついた。

あん どういう農家が不耕起移植の実験をやってくれたんですか?

岩澤 各地を歩いて教えていたからね。一番はじめは田んぼの四隅で試験をやらせたんです。日本全国で200か所やらせたの。それで大丈夫だっていうのがわかった。

あん すごいひらめきですね。隅っこの機械がはいらないところでやったら損する気もちにもならない。

岩澤 育ったイネを見てみようって掘ってみたら、驚いたのは、田んぼのまんなかの耕した場所のイネの根は真っ赤なのに、耕していない四隅のイネは根が真っ白だった。学問上の常識では、根が白かったら秋落ち(注1)になるはずなのに、秋落ちにならない。さらにとなりまでイモチ病(注2)が来てるのに、不耕起栽培のイネだけどういうわけかイモチ病にかからないこともわかった。

あん 伝染しない? すごいですねー。

岩澤　むこうの田んぼでは2回も3回もイモチ病が来ているのに、こちらではかからない。なんだろうってはじめはわからないでやっていた。そのうちトンボがたくさんでてくる、タニシがでてくる、生きものだらけになるってことがわかった。これだけの性質があるんなら、本当においしくて安全なお米をつくろうって徐々に無農薬に切りかえていった。

あん　だから成功したともいえますね。最初からすべてをボーンとかえるんじゃなくて、重ね重ねやってきた経験と知恵、それに知識も。一番大変だったのはなんですか？

岩澤　大変だったのは田植え機の開発です。メーカーに開発してくれと口説くのに、農家を口説く何十倍も苦労した。

あん　何年間かかりましたか？

岩澤　完成させるまでに十何年かかったんです。これが誤算だったんですね。だからね、できあがったときには年くっちゃっていた。もうわたしも72歳ですからね。

あん　不耕起栽培を早くから実践していた藤崎芳秀さん（佐原市の不耕起栽培実践農家）は、はじめのころ苦労なされたのではないですか？

岩澤　田植え機が試作機だから、欠株（注3）がおおくて。そこに補植、つまり植え直しをする。これは骨折ったと思いますよ。10年も試作やっていたんだもん。1993（平成5）年の冷害を契機にして、井関農機がやっと不耕起栽培用の田植え機を完成させた。

あん　先生のアイデアに、よく企業が行政より先にのりましたね。

岩澤　ほんと、よくのったもんですよ。もしわたしのいうことが本当だったらどこもトラクターが売れなくなって、倒産しちゃう。よく通ったよね、考えてみたら。

注1　秋落ち　耕した田んぼでは穂がでるまえに根が土壌中の酸素に反応して酸化鉄がついて赤くなるのが普通の状態で、真っ白な場合は根が腐っているとされる。
注3　イモチ病（稲熱病）　イネの病害では、もっともおおく、低温多湿の年に多発しやすい。
注2　欠株　きちんと植わらず株間が開いてしまうこと。

命の循環を断ち切った戦後の農業

あん　常識をくつがえす農業技術ですが、どうやって不耕起の仲間を増やしたんですか？　日本を、農村を救わなくちゃいけないという使命感からですか？

岩澤　自分では意識的に農家に5年、10年先のことをいってきたつもり。ここへきたらもう消費者のほうが先に行ってしまって、将来のことを考えていたんですよ。

　現代の日本で、医療費が30兆円を超えて、このままじゃ国家予算を飲みこむほど病人だらけになる。その一因をつくったのはわれわれ農家なんですよ、考えてみれば。戦後たった20～30年のあいだに農薬・化学肥料を多用するイネづくりを日本中に普及していったのです。

　今の日本の成人ひとりが1年に食べるコメの量が約1俵（約60キロ）なので年間500俵のコメを生産する農家は約500人の命を預かるわけです。同様に500俵を収穫する田んぼのたくさんの生きものの命も預かっているんだって、ここに気もちが行きつかないかぎり、孫たちになにをのこす

不耕起田のまえに、すわりこんだおふたりは、熱心に日本の農業を語りあった

んですか。田んぼはわたしたちのものじゃなくて、わたしたちの子どもたちのもの、子どものものは孫たちのものなんですよ。

あん　平成の時代、21世紀にはいった時代に、そういわれたら正統派っていう感じがするんですが、まだ化学肥料・農薬が神さまのような存在だった昭和50年代にそれをいった岩澤さんは、よく追いだされなかったですよね。

岩澤　本当に風当たりは強かったですよ。日本は工業国ですから工業が優先なんです。今やっている農業は工業的な発想で、大学や研究機関の研究費がでている。昔やった手植えの田植えなんて大学で講義する人はひとりもいませんよ。イネという生きものを育てるイネづくりを合理的に工業化するというところから基本原理がまちがった。

あん　わたしは宮城大学の留学生を対象にした「日本事情」という講義の一環として、ここ10年間ほど、ささやかに手植えの田植えやイネ刈りの実践講義を実施していますが……農林水産省が戦後とくに力をいれてきたのは基盤整備。生きものがいなくなったのは、戦後の農業政策で、イネまで工業化してしまったせい、ということでしょうか？

岩澤　生きものの視点でいうと、これまでの基盤整備は田んぼをいつでも畑にできるように合理的にするということ。畑にはメダカが住めないんです。

あん　人間を中心に考えて、より便利さや、合理性を優先させた結果、最終的には農業のためには……。

岩澤　はっきりいえば、自然環境のなかの命の循環を断ち切っちゃった。都市の

上下水道の設備を田んぼにそのままもってきちゃった。コンクリートで排水路をかため、大型機械をいれて、これはもう絶対生きものなんか住めない。そこで生きものを呼びもどすためには、イネを刈ったらすぐ水を張ってやればいい。そんなのは簡単なんですよ。わかったんだからやるべきだっていうのをいいたいんです。

田んぼを守るために国民皆農的な発想が必要

あん 不耕起にすると経費はどれだけかわるんですか？

岩澤 冬期湛水と不耕起栽培を組みあわせると、まずいらなくなるのはトラクター。さらに農薬・化学肥料もいらないんです。

あん トラクターは1台いくらくらいなんですか？

岩澤 1馬力あたり10万円ぐらいだったら300万円とか500万円。鉄鉱石から計算したら1台つくるのに大変なエネルギーを使います。

あん あと、水も使いますね。

岩澤 それに化学肥料もエネルギーの塊なんです。リン鉱石なんてわざわざ輸入している。農薬だって化学合成だからエネルギーを使っている。はっきりいえばエネルギーずくめでつくっている。おそらく田んぼ10アールあたりでイネをつくるのに1ドラムくらいの石油資源を使っている。もうエネルギーがないとイネづくりができないようになっているんですよ。しかもわざわざ病気がでるように苗が病弱になりやすいように育てている。工業的な考えで田植え機で機械的に効率的に植えることができるような苗をつくっている。つまり〝JIS（日本工業規格）〞で苗をつくっている。わたしたちは〝ＪＡＳ（日本農業規格）〞でつくっているといえる。つまりイネの生理を無視しないで苗を育てる。イネの生理を無視して育てた苗では毎年の異なる気象条件や自然環境に適応しながら育つ能力がないんですよ。

あん　戦後の農政は、優等生をつくろうとして劣等生をつくってしまったんですね。でもある意味で気もちはわからなくもないんです。貧しい戦前の日本から脱しようと、農家に苦労させないようにつくろうとしたら、結局こんな能力のない苗をつくってしまった。

岩澤　わたしたちが子どものときには10アールの田植えを手でやったこともあるんです。これは３００時間くらいかかる。今は機械化されて30時間。10分の１になったんです。重労働から開放されたから両手をあげて喜んだんですよ。これは学者が悪い、アグリビジネスが悪いと他人を責めるだけではなくて、農家みずから反省しなきゃダメじゃないかと思っているんです。農家はそれをやったんだから農家も悪い。農家の意識をどこまで切りかえていくかが大切です。

あん　農家みずからが、かわろうととりくんでいるのを、意識の高い消費者が応援する動きがあちこちにありますね。

岩澤　非常に追い風的な動きがある。消費者が今の化学農法に対してプレッシャーをかけている。それとあわせて高齢化社会が進み、農業後継者がいない。ここではじめて国民皆農的な発想が必要になる。そのためには法整備を進めて土地などの規制緩和が必要なんです。農業基本法が食料・農業・農村基本法にかわったり、農業株式会社を認める方針がでたりして、最近では１反百姓（１反は約９９０平方メートル。本来は小規模農家という意味）っていうのを認めた特区もあるんですよ。今までは農家でなければ農地を買うことができず、そこに家を建てることもできなかったのですが、特区として認められたところでは規制緩和で農家以外の人でも農地が買えるようになったんです。こういうのがどんどん日本中に広まらないかぎり、日本国土の約7パーセントの田んぼが後世にのこせなくなるんですよ。田んぼが田んぼとして維持されていかなかったら、エネルギーが枯渇したときの絶滅危惧《きぐ》種は日本人ですよ。そのときには世界中が日本に農作物を売ってはくれませんよ。

あん　ナミビアという国に行ったことがあります。長いあいだドイツによる植民地支配がつづき、第2次大戦後は、南アフリカに支配され、90年代まで農業技術がはいらないようにされてきました。独立後、イスラエルなどから砂漠農業技術を一所懸命にとりいれて、ずいぶんと自給ができるようになってきています。ナミビアの人たちと話したとき感じたのは、いざとなったときに食糧は命の元で、そして武器にもなる恐ろしさがあることを、彼らは実感していることでした。日本は今、お金があるから食糧を買えるでしょうけど、この国はほんとにどうなるのか、心配になります。

岩澤　30年後くらいにはそんな時代が来るような気がしますよ。

あん　30年後、あっというまですね。

岩澤　だからそのときには世界中で代替エネルギーが発見されないと、今の農業っていうのはカナダもアメリカもみんなダメですよ。

「生きものの視点で物事を考えていかないと結局、地球っていうのは壊れちゃう」——岩澤

「自分の食べるものについてなにも考えていない人もいる。消費者の意識をどうやってかえていくんでしょうか？」——あん

土を耕さない「不耕起栽培」と冬に水を張るという「冬期湛水」を組みあわせた「生物資源型農業」の普及にとりくむ岩澤信夫さん。現在の日本の農業のあり方を消費者と農家のつながりという視点から見直すことで、農業の現場も社会全体もかえていく可能性が見えてきました。最後に、生きものいっぱいの田んぼ普及への夢を岩澤さんに語っていただきました。

お米は人間がつくっているんじゃなくてイネがつくっているんです

あん　不耕起栽培・冬期湛水というやり方に農家の気もちをかえていくにはなにが必要ですか？

岩澤　つぎの絶滅危惧《きぐ》種はメダカじゃなく、農家だと思っているんですよ。農家が絶滅したら日本

人が絶滅しちゃうんです。そこは彼らもわかっている。これだけ米価がさがってきて、資材費やらいろんなものがあがっている。

わたしのマニュアルは3つある。育苗マニュアル、栽培マニュアル、もうひとつは米づくりのマニュアル。みんな米をつくっていると思っているけど、人間は米なんてひとつもつくっていない。つくっているのはイネだって。人間はイネが米をつくる助手なんですね。歌舞伎でいうと黒子みたいなもんなの。黒子が役者をどかしておれが米をつくっているというのが今の化学農業。この発想がね、ちょっとおかしい。しかも農家にはイネづくりは慣行農法の手法しか情報がなく、米づくりのマニュアルはまったくなしで、人まかせなんです。自分で値段を決めて自分で売ってないんです。自分の米をだれが食べるのか知らない。米づくりとは消費者の台所へとどく食品にする方法です。

今、わたしはイネづくりと米づくりとをやらせている。ほとんど産直なんです。なかには工夫して1俵5万円で売っているところもある。2万円でも3万円でも、自分の気にいった値段で売れる米をつくれっていっている。それには米だけではなく、生きものいっぱいの田んぼの物語とイネの物語を売りなさいって。

たとえば米の値段は1万円でもいい、日本一安全な米を日本一安く売る。そのかわりにこれだけの環境を維持するんだから、生きものの住める環境復元費用として3万円もらい、合計4万円。さらに、これからは国民の60パーセントの人たちが食糧づくりやりたいっていっているんだから、このイネづくりを1年間毎月教えて、指導料として4万円なら安いでしょ。そういう発想をもてと指導しています。

つねに消費者が田んぼに来ていたら悪いことできません

あん　不耕起栽培では「作物を甘やかさない」という言葉があったと思いますが、これはある意味では文明に対する警告のような気がします。日本の農業は甘やかされていますよね。イネも甘やかしちゃいかんと、岩澤さんがおっしゃる言葉は非常に重みがあります。

岩澤　わざわざ病気になる、虫に弱いようにつくっているんです。なんでもかんでもアグリビジネスの世話にならなきゃできないように、しくまれているんです。

　小学校・中学校の教科書からかえていかないとこれはなおらない。ところが環境問題ということになるとついつい行政などの他人にまかせちゃう。だけども本来は個人個人がきちんとした意識をもたないかぎり、環境問題は解決しない。地球がもたないですよ。

あん　人間だれしも、自分も含めて、ひとりひとりの意識に頼るのが、むずかしいのかなと思うこともある。やっぱり規制するだけではダメですか？

岩澤　規制ではダメだね。一番良いのが食べてくれる消費者との交流ですよ。つねに消費者が田んぼに来ていたら悪いことできませんよ。実際、佐原市の不耕起栽培実践農家、藤崎芳秀さんのところなんて年間に子どもたちまでいれたら2000人くらい来るでしょう。

あん　わたしも農村に行っていて思うんですけど、消費者のなかには「自分の食べるものがどこから来ているの？　どうやってつくるの？　どういう影響をあたえるの？」ってすごく意識をもって現場に来る人もいるし、まったく興味をもたずになんにも考えていない人もいる。現場の人材育成だけじゃなくて、消費者の意識をどうやってかえていくんでしょうか？

岩澤　田んぼで、幼稚園の子どもにだってわかるメダカを見せるんです。最近おもしろいと思うのは、小中学校、高校の先生たちなど学校関係者の見学の申しこみがおおくなっています。

あん 国が生物多様性国家戦略をつくったりして、メダカを守ろうという考え方が津々浦々広がってきましたが、じゃあメダカってなにって聞いたら、おおくの子どもたちは野生のメダカなんか見たことないですよね。

岩澤 水槽で飼ったら1匹も増えないメダカが、わたしたちの田んぼではものすごく増える様子を子どもたちに見せる。へんだなって疑問をもてば、すばらしいなって思う。彼らはあと10年たてば大人になる。

地球の敵も人間の敵も人間なんです

あん 最近の水田は川や湖の富栄養化の原因のようにいわれていますが、本来、田んぼは浄水場だとおっしゃっていますよね。

岩澤 琵琶湖の場合は汚染源の割合が農業排水3と生活排水3。汚れのもとを止めようとしたってダメなんですよ。浄化するっていう積極的な攻めが必要なんですよ。たまたまうまいことに、琵琶湖のまわりには3万ヘクタールの田んぼがある。あれをフル稼動したらたちまちきれいになりますよ。代かきをやめて、イネ刈りのあと、すぐに冬期湛水するんです。

あん 水を浄化する仕組みが不耕起栽培・冬期湛水のもうひとつの役割でもある。

岩澤 水道水を浄化する方法にはふたつあるんですよ。ひとつは細かな砂でゆっくりと濾過《ろか》する、緩速濾過《ろか》。これは、藻類や微生物の浄化作用を利用する生きもの濾過《ろか》で200年まえにイギリスで発明された。じつはこの方式は日本に1万か所もあるんですね。つくるのにも維持費にもお金がかからないので、1回つくると100年、200年もつ。水道局がいらなくなっちゃう可能性がある。この仕組みとわたしたちの田んぼとが偶然にもおなじだということが信州大学の中本信忠教授によってわかったんです。これは琵琶湖だけの問題ではなくて、日本中の水の汚れの解決の糸口になる。

戦後になって進駐軍が導入した塩素殺菌が今の浄化法の基本となっている。ここ(岩澤宅)なんて井戸水できれいなのに塩素をいれている。日本は世界で一番きれいな水がでる国なのにペット・ボトルの水が売れるのはおかしいよ。

あん カナダにもいえることです。すごく広大な森林があるのにペット・ボトルの国になってしまいましたね。

今日話を聞いて、人間ってすばらしい動物でありながら恐ろしい動物だなって思いました。そのバランスをどうやってとったらいいのかなって。

岩澤 地球の敵も人間の敵も人間なんです。全部人間がやっちゃっているんです。人間の意識がかわらないかぎり、地球は壊れちゃうんです。壊れれば子どもたちもいない。おそらく飢餓の世紀はわたしたちが生きているうちにかならず来ます。

あん もうすでにそういう状況におかれている国、人びとも何千万人もいます。先進国のわれわれはそういう状況にならないように早く手を打つべきでしょう。でも実際に食糧不足にならないと人間は動かないものなのかもしれない。

岩澤 これだけ食糧がない時代に減反やって米をつくるなっていう国は日本だけですよ。とんでもない話です。

あん 食糧自給率が40パーセントをわっているっていうんだから。それに稲作だけじゃなくて、ほかの作物もつくらないといけないと思うんですね、正直いって。

岩澤　だけどね、昔は自給自足をやっていたんですよ。

あん　人口がちがいましたけどね。

岩澤　人口がちがうっていうのもありますが、わたしたちが子どものうちは1年間で食べる米がだいたい1石。つまり150キロ食べたんですね。今の人口で考えると1800万トン。日本は国会議事堂の広場も含めて全土で米をつくっても1500万トンくらいが限界でしょう。どうしても300万トンたりない。イモやソバなど米にかわるものをつくらないと無理ですよ。それはもう目のまえだと思う。キューバみたいに道路の分離帯まで野菜をつくるなんて、そこまでやんないとこのちいさな国で1億何千万人も生きられっこないんですよ。

子どもの教育から見直さないと、意識改革はできない

岩澤　流通業界主導だと米はうまいかうまくないかが先にきちゃう。安全はつぎに来ちゃう。でも、産直をやってみて、食糧法［主要食糧の需給および価格の安定に関する法律、1995（平成7）年11月施行］が施行されたときに玄米の出荷が8パーセントだったのが、玄米食が流行って今は50パーセント。野生のお米に対する消費者の意識がかわってきている。

あん　それいいフレーズですね、野生のお米。

岩澤　野生化させているから病害虫にも強いし、倒伏もしないし、冷害にも強い。そのような性質を引きだしてやるんです。

あん　雑穀も強いですよね。種類によっては水の使用量がお米の半分の作物、アワ、ヒエなどがあ

りますね。

岩澤　1トンつくるのに必要な水が、お米は約3600トン、小麦が約2500トン、トウモロコシが1900トン。一番水が必要なのは牛肉。2万トン必要です。

あん　牛肉はすごいですよね。

岩澤　換算すると米10キロあたり水100トンって計算になる。10キロのお米を食べると水100トンと、都会の人にいうとピンとくる。さらに米10キロで、メダカが何匹、カエルが何匹っていう話になる。今度、都会で生物トラストをやろうと考えています。

あん　生物トラスト？

岩澤　「生物資源型農業」の普及です。外来種を一切いれずに、その土地特有の生きものによってイネをつくり、その生きものたちのトラスト運動をやろうと。できた米をみなさんに配る。そうすると1俵3万円でも安いってなる。その安さで年間を通じて継続していく。

あん　岩澤さんは心理学者でもあるんですね。人間の心理をうまく把握したうえで。

岩澤　わかってもらうためにはそういうのも必要なんですね。生きものの視点で物事を考えていかないと結局、地球っていうのは壊れちゃう。化学肥料と農薬でやっていたら完全に微生物とかプランクトン類が貧弱になっちゃう。

あん　岩澤さんの理論からいったら、水田でお米を連作してもなんの問題もないっていうのが、あたりまえなんですね。

岩澤　50年、100年のスパンで行くとね、今の化学農法はダメだよ。塩類集積して、塩が吹きあがってくるんですよ。
　それで有機栽培という発想はいいんだけど、おおきな盲点がある。畜産糞尿を使うと、あれは化学肥料よりもっと恐いですよ。塩類集積もすごい。農水省が許可している飼料添加物っていうのは122種類あるんですが、畜産糞尿には牛の腹、豚の腹を通過して、抗生物質なんかがのこっている。それを田んぼにぶちこんじゃうの。わたしたちが子どものときにやっていた畜産は有機畜産なんです。

あん　そうですね、それは賛成です。なんの糞を使っているかによってもう全然ちがいます。わたしたちの実験田では、自然飼料で育てた牛の糞を使っています。

岩澤　むしろ有機畜産という発想からしたら、イトミミズの糞尿は安全な有機畜産なんです。イトミミズそしてユスリカやアブの幼虫など土壌生物が中心になって耕しているんじゃないかって。そこまでは今までの農業ではやってないんですね。

あん　自然がもっている仕組みは、すごく層が厚い。

岩澤　神さまっていうのはすごい仕組みをつくったと思ったね。その仕組みを傷つけたりぶった切ったり、結局われわれが今までやってきちゃったんですよね。それはもう天に唾するみたいにかならずしっぺ返しが来る。それをどうするかっていったら、やっぱり昔の自然にもどる。

そうするとわれわれは弥生縄文時代にもどるのかっていう話じゃなくて、現代のなかで、その土地に生きつづけてきた、日本固有の生きものたちが生きられる環境の条件設定をどこまで整えられるかなんです。

となりの田んぼにメダカを放すと生きていられない。メダカがいるかいないかは、幼稚園の子どもでもわかるんです。田んぼのミジンコの数なんて、子どもたちのほうが目がいいからちゃんと数をカウントできるんですよ。数えて理解する。やっぱりこれは子どもの教育から見直さないと。10年、20年、30年の息の長いことをしないと、意識改革はできない。

あん　ありがとうございました。

［2003（平成15）年12月10日、千葉県佐原市の岩澤さん自宅にて］

岩澤信夫（いわさわ・のぶお）
1932（昭和7）年、千葉県成田市生まれ。旧制成田中学校卒業後、農業に従事。1980（昭和55）年からPOF（Pour Fertilizer＝流しこみ肥料の略）研究会を組織し、千葉、茨城、山形、秋田などで低コスト増収稲作の研究・普及にとりくむ。1983（昭和58）年ころから不耕起移植栽培の実験に着手。会員の稲作農家が実証田をつくり、技術をともに組み立ててきた。1993（平成5）年に日本不耕起栽培普及会を設立、会長を務める（日本不耕起栽培普及会の詳細は http://www. geocities. co. jp/NatureLand/1757/）。高性能低温育苗、不耕起移植栽培、半不耕起栽培等の技術研究・普及を経て、不耕起栽培と冬期湛水を組みあわせた「生物資源型農業」による環境復元型農業技術の研究と普及を目指している。2002（平成14）年12月新しい著書『不耕起でよみがえる』（創森社）を出版。

岩澤さんは、田んぼのあちこちに案内して、不耕起農法のすばらしさを現場主義者のあんさんに解説した

高田　宏さん

高田さんとあんさんの対談は、目黒区のおしゃれで庭が広い割烹《かっぽう》風でモダーンなレストランで、和気藹々《わきあいあい》とおこなわれた

「自然にはおおきな幅があります。
美しい自然がある反面、
恐怖のどん底に叩きこまれるような恐ろしい自然も」
——高田

10人目のゲストは作家の高田　宏さん。自然と人間、そして文学のかかわりについてお話しいただきます。日本、世界を問わず旅のおおいおふたりの「お国自慢」からはじまります。

日本には３６０度地平線が見える場所はゼロ

あん　わたしはカナダの平原地帯で生まれ育ちました。

高田　どの辺ですか？

あん　ちょうどまんなかあたりですね。マニトバ州っていう所。

高田　あんまり人間がいない所？

あん　そうです。今年［２００４（平成16）年］の日本はとくに暖かいですが、このあいだ、カナダの妹に電話したら、その日は零下54℃で、子どもたちを外で遊ばせられないけど、雪がいっぱい降ったときに親の自分たちがすべり台をつくったといっていました。ほんとに山がない所なので、自分たちでつくらないといけないんです。

高田　ほんとに山がないよね。何千キロメートルにわたってまっ平らな大地だもんね。

あん　はじめて海と山を見たのは、父の仕事でスウェーデンに行った11歳のときです。そのときはこんなに恐いものはないと思いました。圧倒されて精神的に窮屈な気もちになった。

高田　むこう側が見えないから。

あん　そう。まわり３６０度の空がなければ落ち着かない。だから平原だけでなく砂漠も大好きです。交換留学生として日本に来たときにも圧迫感で落ち着かなかったですね。

高田　カナダではロッキー山脈をこえるとそこから東はずっと平ら。モントリオールにちょこっと山があるくらいですからね。まえに国際ペン大会でカナダに行ったときに、前半はトロント、後半はモントリオールが会場だったんです。トロントから「作家特急号」っていう特別仕立ての列車をだしてくれて、モンレアル（モントリオール）に近づいて来たときにね、カナダ人の男の作家がぼくにすごく自慢げに「もうすぐ山が見える」っていうんですよ。それはモントリオールの作家にとってすごく自慢なんですよ。ぼくは谷川岳を見る感じで上を見たんですよ。そしたらないわけ。それで「マウンテンはない」っていったのね。

あん それ傷つきます……。

高田 彼は、今見えているっていう。ぐーっと視線を落とすと、むこうになだらかな丘がある。標高200メートルあまりかな。その作家はあそこに教会が見えるだろう、あそこが山だっていう。そんな丘でも「モン・レアル」――「立派な山」なんですね。モントリオールの地名の由来です。

あん わたしは大陸の平原地帯の人間だから、日本に来たときに、地理条件によって世界を、自然界を見る目はかわるってことを感じました。日本の滞在期間はトータルで16年くらいになって、北海道から沖縄までひととおり、ぼちぼち旅してきたんですけど、まだまだ山とか森とか自然の魂まではたどり着いていない。ひょっとしたら平原の人間だからそこまではたどり着けないいんじゃないかって。

高田 全然ちがう世界観だからね。日本にはね、360度地平線が見える場所はゼロですよ。いくら北海道のおおきな平野に行っても、かならず山が見える。カナダとかアメリカの平原はすごいですね。ボストンからソルトレイク・シティまでバスで3800キロメートルくらい旅したことがあるんだけど、そのうちの2000キロメートルくらいは360度平らな世界。ようやくシャイアン（ワイオミング州）を通りすぎて、ララミーあたりでテーブル・マウンテンが見えてくる。ふだん見たら寂しいと思うような赤茶けた大地の凸部です。でも、ずーっとのっぺらぼうを見てきたから大地に起伏がでてきたのが、うれしかった。

あん 山のない風景に馴染めましたか？

高田　馴染めないですよ。

あん　わたしも日本の険しい山を見ると美しいとは思いますけど、近づけないというか馴染めないというか。

高田　それ、おもしろいなあ。

あん　日本に来てはじめの1年間は大阪府の河内長野という所にいたので、よく高野山や金剛山などの神秘的な所に行ったのですが、いまひとつ、やっぱり馴染めなかったんですね。カナダに帰り、飛行機から真っ平な風景を見たときには泣きました。1年間、自分が落ち着かない自然のなかにいることがいかに精神的なストレスかというのをそのときに実感しました。

　いまひとつ馴染めない平原地帯の旅から、日本に帰るとどうですか？　落ち着く場所はどんな所ですか？

高田　どの場所というのではなくて、移動していくに従ってつねに変化している。森があったかと思うと、田んぼがあったり畑があったり、海が見えたかと思うと棚田が見えたり、そういう刻々と変化していく風景が安心というか、慣れている。

あん　ぜいたくだと思いますよ。日本人は欲張っている。

高田　日本列島ってね、すごく広いと思う。

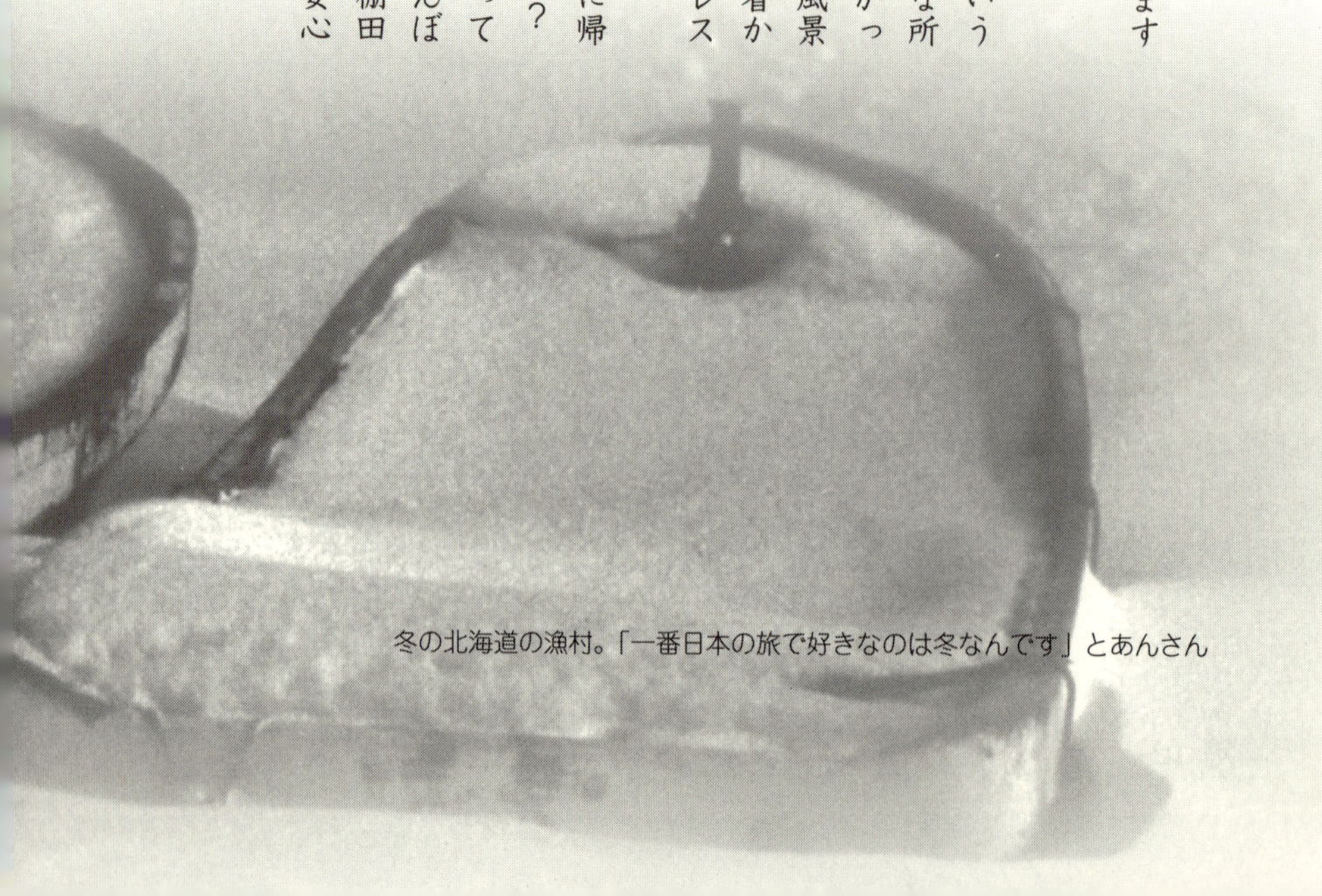

冬の北海道の漁村。「一番日本の旅で好きなのは冬なんです」とあんさん

あん　それは大賛成です。北海道から沖縄まで海岸線を全部まわってみようというプロジェクトで海岸沿いの漁村を旅しているんですけど、一番日本の旅で好きなのは冬なんです。

高田　冬はいいね。

あん　フェリーで仙台から苫小牧まで。北海道で襟裳岬から知床半島、オホーツク海、稚内で降りて、苫小牧に行ってまた仙台へ。仙台から名古屋、名古屋から東京。東京から今度は九州に行きました。そのなかでおなじ冬なのに、オホーツク海の漁民は冬眠状態。船の雪かきだけのために家からでていって、あとは冬眠してるんですよ。南にはいって有明海ではおなじ漁師なのに彼らは半そでで静かな海に船をだしていました。

高田　日本の海岸線の距離を調べたことがあるんだけど、非常に長い。国土面積あたりの海岸線の長さでは日本は飛びぬけて世界一です。国土面積1000キロメートルに対して89キロメートルです。ニュージーランドが56キロメートル、イギリスが51キロメートルで、4位のカナダは26キロメートル。ただし、海岸線の長さだけでいえば、カナダは広大な北極圏の複雑な地形がありますから、ダントツです。日本の場合は、山また山の山岳列島ですから、もし日本列島

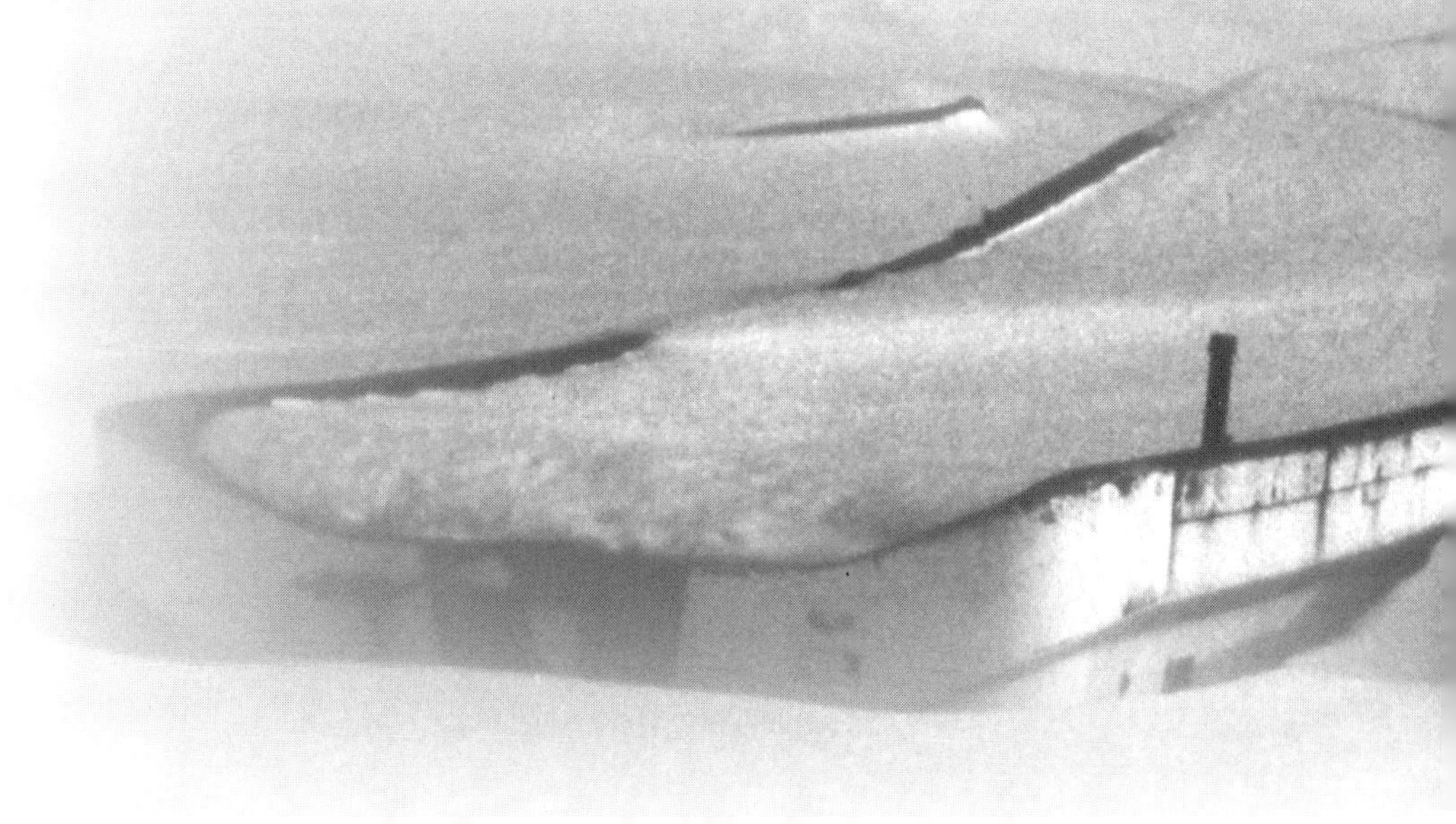

にシーツをかけて、ヒダヒダに全部押しこめて広げたら、北米大陸よりも広いかもしれません。シーツをかけて広げるというのは冗談ですが、現実には面積は平面でしか計っていない。何万という山や川がありますが、山の高さやひだなどは計算されていない。それから本当に長い海岸線があります。海岸線の長さはオーストラリア大陸に匹敵します。しかもその海岸が複雑にでいりしていて、こちらの海岸線とあちらの海岸線では景色も文化もちがいます。

あん　山もひと山こえると文化がちがうんですが、海も10キロメートル離れれば捕れる魚がちがうんです。捕れる魚がちがうと船の形もちがうし、そこに住んでいる住人の生活もちがってきます。農村も多様性に富んでいますが、漁村はそれよりもはるかに多様性に富んでいます。

人間の手のはいった森は人間臭さがあり安心できます

あん　高田さんの書かれた文章にこういうのがありました。『森というものは心地よいところとはかぎらない。濃密な原生林の奥などでは不安と恐怖におびえることもあるし、不快感で一刻も早く森をでたいと思うこともある。心地よい森というのは、むしろ人間の手のはいっているところだ』。森に関して高田さんはいろんな表現をしていますね。

高田　一番いやだったのは対馬の原生林でした。そこは亜熱帯の森で湿度100パーセント以上という感じでした。

あん　わたしもそういうのはダメですね。アフリカのボツアナでそういう森にはいったことがあります。

高田　いやでしょう。空気が液体になってしたたっているような気がします。窒息しそうな気分になります。地面も水でぐちゃぐちゃで、そこにはヒルとかいやなものがいっぱいいます。

そんな所に5～6時間もいて、やっと森から脱出して着ているものをどんどん脱ぎ捨てパンツひとつになったときの爽快感はなんとうれしかったことか表現できません。

あん　今の話を聞いていると、自然派ではなく、自然嫌いで、そんな人がどうしてあんなにすばらしい文章が書けるのかなと思ってしまいます。「映像作家」と呼びたいくらい、高田さんの文章を読んでいると自分がその場にいるような臨場感を感じます。わたしは勝手に高田さんのことを環境文学者と定義しているのですが、自然観察を文学にしあげるには何年間かけてそういうところにたどり着かれたのでしょうか？

高田　対馬の森は耐えがたい森であることがわかりましたが、いきなりそこへ行ったわけではなく、北海道の森とか信州の森とかいろいろな所へ行ったあとでわかったことです。北海道の森に行くと「ヒグマに注意」と書かれていますが、いっこうに怖くはない。

あん　どうしてですか？

高田　たいてい大丈夫だろうと楽観しているところがあります。また、そういった森は対馬の森とちがって、明るくて人間が親しめる森です。さっき読みあげてもらった文章にもありますように、人間の手のはいった森は二次林にしろ三次林にしろ気もちのいいものです。昔から炭焼きの人や薬草採りの人がはいっている森には人間臭さというものがあって安心できます。カナダには森がおおすぎて人間の手がはいらない森がおおくあります。イギリスや日本の森を見ていると、人間の手がはいりすぎているのではないかと思うことがありますが、そこまでやったほうがいいのでしょうか？

あん　（上の発言に含む）

高田　国木田独歩が『空知川の岸辺』という文章を書いています。それは小説というよりも旅行記のようなものですが、彼は北海道に入植したい、北海道の大自然のなかで新しい精神生活を拓きたいと思って下見に行ったわけです。今の北海道ではなく、針葉樹の大原生林でした。1000年も2000年もだれもはいったことのない大原生林へはいっていきました。国木田独歩は2～3日で、こんな恐ろしい人を圧倒する森のなかでは生きてはいけないと実感するのです。あきらめて東京に帰ってきて武蔵野へ行くのです。武蔵野はとてもやさしい所なのです。武蔵野は広葉樹林で季節の変化があり、雑木林と畑がモザイク状になっていました。雑木林をぶらぶらぬけていくと畑があり、またそのむこうに雑木林があるといった状態で、人は落ち葉を集めて肥料にするなど雑木林と人間の生活が溶けあっている。人をよせつけない北海道の圧倒的な大自然にくらべて武蔵野はいいなと、あらためて思うわけです。

独歩の『武蔵野』という作品は都会の近郊の林がいかに心地よく、また、それによって自分の心がいかに豊かになるかを述べたものです。もし、独歩が北海道の大森林を実感していなければ、頭のなかで、北海道の大森林はもっとすばらしいものだと考えたはずです。

あん　高田さんの八ヶ岳の山荘はどうですか？

高田　ちょうど中間というところでしょうか。カラマツの植林のある八ヶ岳高原ロッジのあたりは人間の手がはいりすぎですが、ぼくの所はそこからさらに標高で300メートル、距離で3キロメートルほど上にあって、かつて人間が1度も住んだことのない所です。

あん　そういう自然に囲まれてすごしていることは高田文学に影響をあたえましたか？

高田　あたえる、あたえる、おおあたえです。ぼくの知っていた自然というのは東京や京都の自然と、少年時代をすごした石川県の自然ですが、それらの自然とくらべものにならないエネルギーのおおきさがあります。日本では普通、風はそよそよとかごうごうと吹きますが、山では風は転がってきます。目のまえにある赤岳の山頂から風がおおきな岩になって転がってくるのです。軒先をかすめると、家がぐらぐらとゆれます。大平原ではどうですか？

あん　大平原では風に襲われるというより、落雷に襲われるという感じに風が吹きます。実際に大平原では落雷もおおいのですが、風も似てくるのでしょうか？

高田　転がってくる風の怖さは一方にありながらも、八ヶ岳のもっている本当の美しい場面にいろいろと出会います。そのなかでも美しいのは雪の降り止んだ朝で、木の枝々や地上の雪がキラキラと輝きます。そんなある朝、わが家から幹線道路までの雪道をつくりました。八ヶ岳はメリケン粉のような雪ですからプラスチックのちりとりでも雪道ができてしまいます。だが、サラサラとした雪なので壁がしっかりできないので風が吹くと壁が崩れて元の木阿弥になる。

あん　その点、重い雪のほうが踏みかためることができていい。人間だけの都合のいい考えかもしれませんが……。

高田　そんな日の朝は美しいんですよ。日ごろは顔をあわさない近所の男性から突然声をかけられました。彼いわく「こんな朝に死にたいものですな」。初対面の挨拶でですよ。一瞬ドキンとしましたが、その朝の美しさに「まったく同感ですな」と答えてしまいました。その方はそのとき、末期の肝臓癌で翌年の冬に亡くなられました。

　また雨の季節に、木々の葉先に水滴が生まれます。その水滴が光を乱反射させてポトリと落ちます。その後また水滴が徐々に形成されていきます。そういう光景は何時間見ていても見飽きることはありません。

あん　わたしもいつかそういう美しいものを書いてみたい。わたしは漁村をフィールド・ワークしていて、フラメンコ・ダンサーが裾《すそ》をひらめかしているように雪が美しく乱舞している風景に遭遇しました。それをまず活字にし、文学にまで高めていくことはむずかしい。自然への感動が身につまされるまで高まっていなければならない。

高田　八ヶ岳に家をもったことがよかったと思います。自然にはおおきな幅があります。信じがたいほど美しい自然がある反面、恐怖のどん底に叩きこまれるような恐ろしい自然もあります。東京やわたしの故郷の町ではその幅が狭いのです。そういう所にだけいると自然の一部しか見えないですね。

「今の日本人のなかで、
自分が万華鏡のように豊富な
自然・国土に暮らしていることに
気づいている人たちは、
どれくらいいるのか」――あん

「自分で旅をして美しさや豊かさを発見する。日本列島に住んでいることの幸せは、そういうチャンスがいくらでもあるということ」――高田

高田さん、あんさんの熱をおびた語りあいは、登山家や文学者の自然とのつきあい方にはじまり、自然の本質にむきあうことで精神世界がどれほど自由になれるのかというテーマに展開していきます。

人間社会を大自然から見る目を養うことが大事

あん　高田さんの作品には登山について書かれた作品がおおいですね。登山家たちは生と死の極限まで挑戦してみようと思って山に登るのでしょうか？　それともそこまで考えずに、気楽に、登ってみたいから登るのでしょうか？

高田　山登りの人たちの考えていることはよくわかりませんが、イギリスの登山家、エドワード・ウインパーの『アルプス登攀記《とうはんき》』を読むと、おもしろさは失敗の過程にあるというのです。あるときウインパーは従者とふたりで登攀《とうはん》し、山の中腹でビバークしたときに見た暮れてゆくアルプスの山々の美しさを、言葉を極めて書いています。見た者がひざまずき祈らずにはおられない崇高さがあるから、山は登るだけの価値があるわけです。なにも頂上まで行くのが芸ではない。ウインパーがマッターホルン初登頂に成功したときは登山の喜びはなにもありません。あるのはイタリア隊に勝ったぞというじつにバカバカしいものでした。『アルプス登攀記《とうはんき》』のすばらしさは登攀《とうはん》の成功ではなく、失敗して引き返したときの、山

の中腹で崇高なまでの山に出会った記述があるからです。

あん　今、話を聞いていてわかったのですが、ただ山に登り失敗したというだけでなく、その経験を名文にのこしたから歴史にのこるのでしょうね。

高田　自然のなかでも山の自然は特殊です。そういう自然に身をおこうという強い情熱とそれを表現する力です。今では登山家はエベレストでもどんどん行っておりますが、山に登るだけだったら、いいプランニングがあって、いいパーティがあって、十分な資金といい装備があれば行けます。しかし、自然の本質とどうむきあうかというのが登山ではないでしょうか。また、未踏峰を登るだけが登山ではありません。

あん　高田さんは著作のなかで『山の恵みは数えあげればきりもないが、そのひとつに、ぼくたちの心を育ててくれるということがある。優れた文芸もそこから育ってくる。山と森の自然は、文芸の豊かな土壌であるはずだ』と書かれています。また、『スタンダールは自伝風の作品のなかで、パリという都市の最大の欠陥は、まわりに山の見えないことだと書き、パリの町からもし山が見えたならフランス文学はもっと優れた作品を生んでいるはずだといい切っている』というくだりもあります。

わたしの好きな作家はなぜか女性がおおいのですが、みんなマニトバ州という山もなにもない平原生まれの作家たちです。観光客がおおく行くブリティッシュ・コロンビアなどではなく、なにもない所から文学が生まれてくると思っています。『パリの町から山が見えたらもっと優れた作品が生まれたであろう』というのはどういう意味でしょうか？

高田　スタンダールが生まれたのはグルノーブルなのです。グルノーブルはアルプス山脈の麓でアルプスの連山が見渡せます。その山を見て育ったのちに、生涯のおおくをアルプス山脈の麓である北イタリアですごします。スタンダールは外務省の下っ端役人としてパリに行くことがありました。パリに行くと早くパリから逃げだしたくなります。パリの社会は、儲かったとか損したとか、社交界がどうのこうのということばかりです。虚飾の世界で視線は水平にしか行かない。つまり目は人間にしかむいていない。

それに対してスタンダールの目は山にむいていました。彼の代表作『パルムの僧院』の主人公が官憲につかまるのがいやで逃げまわっていたが、とうとうつかまって塔のてっぺんに幽閉されます。鉄格子を通じてアルプスの山々が見えると、これがわたしの怖がっていたものか、こんなことならもっと早く捕まっていればよかったと安心する。アルプスの山々やポー川の流れが見えればなにも怖がることはないというわけです。

スタンダールは当時ではめずらしい自然派だったのです。当時は人間を書くのが作家だったのです。背景にちょっと自然がでてくることがあっても書く中心は人間にあったのです。そのなかでスタンダールはただひとり、山とか森に親近感をもっていました。つまり、嫉妬だの虚栄だのから離れることができるからです。

臼井吉見が書いている『幼き日の山々』というエッセイがある。小学校にあるとき転任してきた校長先生が毎朝の朝礼で「常念（長野県・北アルプスの高峰）を見よ！」という。今日の常念はああだ、こうだというと、それによってはじめて少年たちは水平の視線、つまりとうちゃんに叱られたとか、あの子がかわいいとかいう人間界から離れて視線を上にあげる、そして常念岳を見るということを身につけた。

深田久弥の山岳観とも近い。彼は、登山というのは自分の精神の解放だといった。つまり、世のなかのがんじがらめの、義理の世界、あいつが出世したとかいう嫉妬の気もち、だれとだれができているとかいう世界から脱出して、そうじゃない世界に自分を解き放つ。だから登山というのは非常に危険な行為だと。命を落とすとかいうことではなく、精神を解き放っていくから、現実の世界の規範からはずれる。かなりやくざな、反社会的な精神行為だと。

あん　それは山だけでしょうか？　わたしは砂漠と北極に行ったときにおなじようなことを感じました。日本文化に疲れきってしまった時期があって、この国から脱出しなければ精神的に沈んでしまいそうになったんです。そんなとき、ぱっとカナダの北極に近い所に行ったら、それまでの1年間、日本でぐちゃぐちゃになっていた気もちは、ぽっと消えてしまいました。それから東京にもどってからは、つまらない人間社会とのつきあいを切ってしまうことができたんです。

高田　それはおなじじゃないかな。深田久弥が山をみずからの精神の解放の場としたのと。ある尺度をこえた、おおきな自然のなかにはいると、人間のつまらない社会のごちゃごちゃしたことが、バカバカしくなってしまうのですね。

あん　尺度をこえた自然に接するというのは、まさにそのとおりだと思います。山であろうが、北極圏だろうが、砂漠だろうが、海の上であろうが、自然のなかに身をおくと、人間社会がいかにちいさいか、おろかなことで悩んでいるかということを感じる。今のような思いあがったというか、唯我独尊的な人間社会がかわらないかぎり、自然との共生はできないのではないでしょうか？

高田　人間社会をかえるということは不可能、というか必要ないんじゃないかな。それよりも、その人間社会を大自然のほうから見る目を養うことが大事だろうと思います。

世のなかの約束事に飲みこまれない、自由な生き方が好き

あん　高田さんはどちらかというとご自分もへそ曲がり。どうしてへそ曲がりの人間を好まれるのでしょうか？

高田　平均的人間として生きていても本当の中身はわからない。たとえばトーマスマンはいつもフォーマルなものを着ていたという。「どうしてあなたはいつも堅苦しくフォーマル・スーツに身を包んでいるのですか？」と聞かれたら、「わたしはなかがぐちゃぐちゃだから、せめて衣服をかっちりとしておきたい」と答えたという。自分が放っておけばどうなるかわからない、世俗人としての枠からはずれてヤバイことになると、だからきちんとした服を着ているんだという人は結構いるんだな。

あん　独特の発想ができる日本人は、高田さんも含めてどうして少数派なのでしょうか？　高田さんの日本人論というのをお聞かせいただければ。

高田　日本人だからということではなくて人間全体として世のなかの約束事になるべく逆らわないでいこうという生き方と、しかしそれに飲みこまれたくない生き方と両方あるでしょう。表現者はほとんどそっちのほうじゃないの。文章であれ、絵画であれ、音楽であれ、芸術活動にかかわる人は、みなへそ曲がりですよ。こうやったらいいよと人がいうことはしたくない、という。

あん　ご自分のことを「一番や一流はうさんくさい、一流は避けたい」とよくおっしゃっていますね。『大空と大地へ還りゆく日は』には、「一流料亭や一流レストランは、行ったことはあるけれども、たいてい気分はよくない。一流旅館で不快を味わったこともある。音楽や絵画の好みも、正統な一流からはずれている。この気質はもう直りそうにない」とあります。一流といったと

たんにメッキがはげるというか、二番手のほうが本質が見えるというようなことでしょうか？ 一流、一番というのはどうしたって権力に転化するじゃないですか。権力をもっている人物とか団体が好きじゃないんだ。

高田　でも、ある意味で、高田さんご自身は一流ですよね。すばらしい賞をもらった人は一流とみなされます。主流社会が好きじゃないんですか？　一匹狼で、ひとり静かに放っておいてほしい。あとのみなさんは勝手にやってと、非常にぜいたくな人生ですね。

あん　そうですね。卑近な例でいえば、パソコンも携帯電話ももちません。自動車ももっていません。もちたい人はどうぞもってください、ぼくはマジョリティーにはいりません、ということですね。機械を使わないで暮らせるのなら極力そうしたい。だから自動車は最初から運転免許をとらない。

高田　自然派だからそういうふうにこだわっているんですか？

あん　一番好きなのは自由かな。拘束されないこと。

高田　車を買ったら拘束されるのでしょうか？

あん　車を買ったら移動の自由を拘束される。駐車場を探さなくちゃいけないとか、燃料なきゃ走れない。自分の足で歩いている分には燃料がなくてもいい。

高田　そうすると自然破壊に結びつくから、機械を使わないということではないのですね。

あん　そういうんじゃない。もちろん自動車の排気ガスがよくないとは思う。けれども声高に自動車をやめろとは世のなかにむかっていわない。だいたい煙草を吸うな吸うなというけれど、自動車のほうがよっぽど有毒ガスをだしているんじゃないかと思います。しかしそれをいうと、煙草を吸う人間のいい訳になるからいやなんだ。

好んでマイノリティーになりたいわけではないけれど、機械を使わないで暮らせるのなら、そのほうが楽というか、自由って感じ。つまり、機械に自由を制約されるでしょ。ワープロにしてもパソコンにしても、ものを書こうと思ったらあんなものをもち歩かなくちゃならないじゃないですか。鉛筆と紙というわけにいかない。それから停電になったらこまる。紙と鉛筆だったら停電になってもろうそく１本あれば書ける。機械を当てにしないでいると、自由でいられる。

あん　今の日本でそういうふうに生きていくのはむずかしい。カナダのほうが高田さん流の人生は送りやすいと思います。日本社会ではまず理解者がすくないと思います。すぐに連絡がとれないといったら、「なにこの人?!」という世界です。なかなかむずかしくないですか？

高田　よくやっていらっしゃると思います。

たしかに携帯電話は便利だと思う。これからは電子マネーにもなり、いずれ国会図書館のあらゆる本のページまでアクセスできるという便利さはあると思う。でもなにも、携帯電話で国会図書館の本にアクセスしなくていいんだよ。そういうことができるというだけ。できることとすることはちがうんだな。

「日本から自然が失われている」はうそ

あん　これまで伝記として書かれてきた人物は昔の人間で、彼らの背景は昔の日本社会、古き良き社会という人もいるし、あれは地獄だったという人もいると思います。伝記を書かれている高田さんは、今の日本社会はおもしろいと思いますか？

高田　おもしろいと思う。いろいろと不愉快なこともおおく、不愉快なことしかなかったらこまるけれど、不愉快なことが100あったら愉快なことも100あるような、そのほうが社会に厚みがあると思う。

あん　昔の人間のほうが自然になじんでいたり、自然と共存していたという意見をもつ人もいますが、どうですか？　今の日本人は自然との絆がもう切られてしまっているとお考えですか？

高田　ぼくはそうは思わない。最初の話にもどるけれど、こんな山岳列島ほかにないもの。日本山名辞典を見ても何万項目もある。あそこに日本の山が全部はいっているかというとそんなことはない。あれの何倍も山がある。

あん　今の日本人のなかで、自分が万華鏡のように豊富な自然・国土に暮らしていることに気づいている人たちはどれくらいいると思いますか？

高田　すくない。日本は狭いと思っている。どこでも似たようなものだと思っている。

あん　それをどうかえていけばいいのでしょうか？

高田　かえる必要もない。個人が自分たちの住んでいる土地の美しさや豊かさを自分で発見しなかったら無理。教科書で君たちの住んでいる所はすばらしいぞといわれても、それは「あ、そう」というだけで終わり。自分で旅をして実感して発見をする。だから日本列島に住んでいることの幸せは、そういう発見をするチャンスがいくらでもあるということ。旅をすればいい。水平方向の旅も垂直方向の旅も。海辺に行くのもいい、山に登るのもいい、谷間をたどっても川をたどるのもいい。いろいろな所に行ってみれば、どんなに美しくてどんなに豊かなのかがわかるのに、おおくの論壇のえらい人たちは「日本からは自然が日に日に失われている」と嘆いている。うそ。旅もしていない人たちが書斎にいて、日本の自然がどんどん劣化していると書いている。

「チベット仏教の村のおじいさんは、
恍惚《こうこつ》とした幸せに満ちた表情で
くる日もくる日も落日の世界にむかって
経文をとなえる」
——高田

「わたしが生まれ育ったカナダの湖のことを
言葉であらわすと、顔の表情にたとえられるでしょう。
たくさんの湖が、それぞれの顔をもっている」
——あん

人間とかかわりの深い自然にこだわる高田さんと大平原にいやされるというあんさんが、人と自然の接点について語ります。

自然と人間は心が裸になったとき共鳴する

あん　高田さんにとって「自然の声、自然の心をきく」ということはどういうことでしょうか？
　わたしの場合、声をきくというより顔の表情を見るという感じです。両親がもっている別荘が、カナダのオンタリオ州の森と湖のなかにあります。ひとつの湖から太陽があがってきて、もうひとつの湖に沈む。朝、風がないと湖は、まるでガラス。あがってくる太陽がそのガラスのような湖面を照らすと、湖に生命があたえられたような感じになる。そこから声が聞こえるというよりは、湖の顔の表情が１日中、太陽の位置によって、また夜には星の光によってかわってくる。まわりにたくさんある湖が、それぞれの顔をもっている。わたしが生まれ育ったカナダの湖のことを言葉であらわすと、顔の表情にたとえられるでしょう。高田さんは言葉ですね。「自然と語る」という表現を使う人がいますが、語れるものでしょうか？

高田　自然と語るというのはうそだと思う。自然と言語を介しては語れない。感覚として反応できるかどうかでしょう。まえにもいいましたが、雪の美しい朝に「こんな朝に死にたいものですな」といった人がいます。それは言葉だけど、雪の風景とその人の魂が共振した。それがぼくにもつたわって「本当にそうですね」といってしまった。自然と人間がある種の共鳴、びーんと音がつたわってくるようなときのことではないかな。でも、ことさら自然のなかにそういうものを求めていくとダメだと思う。ある意味で心が裸になって、言語で武装せずに裸になっていたときに、思いがけず不意打ちのように共振する。

あん　日本の風土から生まれたもので日本人にしか書けない、日本の風土のなかにいる書き手だけに書けるものには、世界とくらべてどういう特徴がありますか？

高田　今そういう意味で、山、海、森などの自然と自分の精神とを行き来させている作家っているのかな？

あん　わたしがアメリカの書き手で最近注目しているのは、生物学者だったバーバラ・キングソルバー（Barbara Kingsolver）という女性作家です。『Prodigal Summer』という小説がありますす。日本語に翻訳されているかどうか知らないのですが、アメリカのアパラチア地方を舞台に、自然観のちがう主人公が章ごとにかわるという構成になっています。主人公によって自然を見る目がかわっていく。ノースカロライナ州などアメリカ東部の自然が生む文学作品だと思うのですが、そういうものは日本にはないのでしょうか？

高田　アメリカのネイチャー・ライティングの全集をほとんど全部読んだけど、ぼくには違和感があった。なぜかというと、国木田独歩と正反対。西部開拓や宇宙開拓のように、かつて人間がはいったことのない場所、いわばフロンティアの自然を探しているのがアメリカン・ネイチャー・ライティングだと思った。ぼくなんかそんな所に行きたくないな。

国木田独歩とおなじようにかつて炭焼きの人たちがはいっていた山とか、人間のにおいがのこっている、人間のにおいがつくりあげてきた自然がいい。そうでないと人間のにおいのない森、マムシとブヨしかいない森になってしまう。種の保存という意味では、そういう原生林をのこしていくことは人類にとっても生物学上も必要かもしれない。ぼくがかかわりをもちたい自然というのはそういうのではない。なかにはいって気分がいいから昼寝してこようよ、というような森。

あん　高田文学と民俗学との接点は深いですよね？

高田　そうかもしれません。だから自然だけがあって、人間と無関係だったら、人間にとって自然ではないと思う。日本海溝の一番深い所、1万メートルを超えている深い海の底はすごい自然だけれど、それは科学の対象であっても、人間の心と結びつくような自然ではないと思う。そういう意味では8848メートルのチョモランマ（エベレスト）なんかも本当は行ってもしょうがない所だと思う。行った人にとっては満足かもしれないけれど、命をかけて行くに値する自然なのかな？　それだったらむしろ、チベット族の人たちが住んでいる5000メートルあたりの自然のほうがぼくにとっては興味は深い。どうやって人間と自然がつきあっているのか、きびしい自然があってそこに長い間人間が生活を営んできている。そのなかで恋をし、家族をつくり、死者を弔《とむら》ってきている。

あん　人間と自然の接点はどこに見いだせばいいのでしょうか？

高田　時代によってずいぶんちがうと思う。山にかぎっても、古い時代には信仰登山。また薬草採りもある。たとえば八ヶ岳でいえば硫黄岳の山頂付近にあるコマクサの群落を求めて、薬草を採りに行った。ごくわずかの人が山の高い所に行っただけ。

アメリカン・ネイチャー・ライティングというのは人の行かない自然を求めているのだと思う。そういう場所はいずれなくなる。深い洞窟とか、アプローチがほとんど不可能な大渓谷とか、そういう所はだれかが先にやっていたら二番手はつまらないんだよ。

あん　これから日本から生まれていく可能性のあるネイチャー・ライティングがあるとしたら、どんなものになるでしょうか？　アメリカと日本は歴史も地理もちがうのでおなじものが生まれてくるとは思わないのですが、どんなものが日本から生まれてくるのでしょうか？

高田　アメリカン・ネイチャー・ライティングとはちがうネイチャー・ライティングがあるわけで、おのずと自然とかかわってきた人が自分の生き方や自分のまわりを書くともうひとつのネイチャー・ライティングなんだと思う。

1本の雑草だけでも自然に深く触れることができる

あん　先ほど日本では自然はそれほど壊されていないというお話でしたが、高田さんのように自然と交感・共感する作業というのは今の子どもたちは、ほとんどしなくなってしまっています。

高田　自然というと、大山脈とか大森林とか、そういうふうにばかり考えるのはちがうと思う。東京の道端にある1本の雑草はじつに見事な自然じゃないですか。そこにしゃがみこんで目を近づけてみれば、あんなに美しいものはない。虫眼鏡で雑草のちいさな花をのぞいてみる。朝、露が降りたときに見る、昼、すこししおれたときに見る、また雨のときに見る、晴れたときに見る、東京にはたまには雪が降るから雪のときに見るとか、1本の雑草だけでも1年365日自然に深く触れることができると思う。

東京がとくに自然がないといわれる。だけど江戸時代から自然豊かな大名屋敷が500〜600か所もあった。それが今の東京にもかなりの形でのこっている。個人の家の庭木がこんなにおおい町はほかにない。うちの庭にだってたくさんの野鳥が来ます。

あん　視線をかえれば東京にも自然があるということですよね。

高田　もっと自然のない都市でも、道端の雑草を1本のこらずぬいてしまわないかぎり、道端の雑草1本にすごい自然が凝縮していると思う。

あん　高田さんが、書いていらっしゃる蔦温泉（青森県十和田市）で出会った落雷を受けたブナの巨木のお話は感動的ですね。『生と死が連鎖しているそれらの森の木々の姿を目にしたとき、はじめは驚嘆する気もちがおおきかったものだが、やがてぼくのなかにそういう生死になにか深い安らぎを感ずる気もちが生まれてきた。安らぎと自然界の摂理への敬虔《けいけん》な気もちといった方がいいかもしれない』と書かれています。

生と死を自然の摂理として感じとったときに、自然界への敬虔《けいけん》な気もちがわきあがったというのは、まさに人間も自然界の一員ということを実感したやすらぎなのでしょうか？

高田　蔦沼の場合は落雷にあった木から新芽がでていたのですが、大台ヶ原（奈良県と三重県にまたがる台高山脈）で見た落雷の木は完全に枯死していました。表皮も樹皮も落ちて白骨化した木に花が咲いていました。大台ケ原の自然のなかにモダン・アートのオブジェが現れたという感じです。びっくりしてそばによってみると、白骨化した木の空洞のなかに土が吹きだまり、そこにツツジが定着し、死んだ木を足場にして花を咲かせていたのです。あちこちに生と死の連鎖を見ることができます。

あん　わたしの宮城県の家の庭にもそういう風景があります。約670坪くらいの庭ですが、枯れた木があり、そこに毎春水仙が咲きます。この水仙を見ると感動するのですが、こういった感動はひとりで味わうのが一番いいのではないかと思います。人にはなかなかつたえることができません。カナダの真っ平らな所には別の自然観・世界観があって、それはそれで大切なもの。ぼくなんかには感覚的にわかれといわれてもむずかしいけれど。たとえば中国のどまんなかなんか、なにもない。けれどそこにぽつりぽつりと住んでいる人たちにとっては豊かな自然かもしれない。

高田　昔見た記録映画「ラダックへの道」にインド北部のラダック地方のチベット仏教を中心に

生きているちっぽけな村がでてくる。何百キロメートルも草も木もない所を通りすぎていくとその村に着いて、人間がすごい努力をしてつくった畑がすこしあって、麦なんかをつくっている。ところが、せっかくつくった麦をこねて団子にして毎朝、日干しレンガの屋上において天の使いである鳥に食べさせる。夕暮れに白いひげのおじいさんが、目のまえにある山々、日本の山とちがって木も草も生えていない裸の山に日が沈んでいく所にむかって、チベット仏教の経文をえんえんと唱える。日が沈みはじめてから暗くなるまでお経を唱えるのを見て、これはすごい世界だなと思った。

まさに自然と共生している。ぼくから見れば貧しい自然。怖くなるくらいなにもない自然。そのなかで彼はチベット仏教の経文を唱える。恍惚《こうこつ》とした幸せに満ちた表情でくる日もくる日も、魂に働きかけてくるような落日の世界にむかって経文を唱える。こうやってあのおじいさんは何年かをすごして、大自然のなかに溶けこんでいく。そういう生涯を送る。すごいな、えらいなと思ったな。

あん　高田さんは自由を求めながら旅する魂の求道者ですね。ありがとうございました。

［2004（平成16）年2月6日、東京都内にて］

高田　宏（たかだ・ひろし）

1932（昭和7）年、京都市生まれ。石川県江沼郡大聖寺町（現・加賀市）で育つ。京都大学文学部仏文科卒業後、光文社、アジア経済研究所、エッソ石油で雑誌編集にたずさわる。エッソ石油のPR誌『エナジー』は企業のPR誌をこえた雑誌として高く評価された。1978（昭和53）年、『言葉の海へ』で大佛次郎賞と亀井勝一郎賞を、1990（平成2）年には『木に会う』で読売文学賞を受賞している。『島焼け』をはじめとする伝記小説や、森や樹木、島、旅、雪、猫などをテーマに随筆、評論、紀行など著書は100冊を超える。そのほか、雪国文化賞（95年）、旅の文化賞（96年）の受賞や石川県九谷焼美術館館長・深田久弥山の文化館館長や将棋ペンクラブ会長などユニークな活動も。日本ペンクラブ理事。

加藤 登紀子さん

「都会にいると自分の生活を
自分の手でできなくなりますから、
ここ鴨川自然王国にいて
イネやダイズを育てたりしています」

「日本が高度成長から得た成果は認めますが、
生活の根本である食の自給から
こんなに離れてよいのか
疑問をもっています」——あん

歌手の加藤登紀子さんを訪ねたあん・まくどなるどさん。歌だけでなく、詩や書などアーティストとして世のなかにメッセージを発信している加藤さんは、千葉の「鴨川自然王国」で、循環社会づくりにむけた足元からのとりくみをはじめています。宮城・松山町で地元の人びとともに農業にとりくむあんさんとの対談はそれぞれのルーツを振り返ることからはじまります。

夫の故・藤本敏夫さんの農業運動の発信地でスロー・ライフをゼロから体験

あん　わたしは現在、宮城県の松山町というところに住んで、研究もしながら農業ごっこ——農業というより農業ごっこなんですが——をやっております。仲間の何人かは無農薬や減農薬の酒米をつくって「一ノ蔵」というつくり酒屋さんに納品しています。（お土産の「一ノ蔵」

ご自身が栽培した野菜をあんさんのために収穫している加藤さん

を手渡しながら）もうひとつはカナダの先住民のオジブワ族がつくっている米です。

加藤　古代米みたいなもの？　いろいろありがとう。

あん　川に生えている野生のアシのようなものです。カヌーで川にはいって収穫します。

加藤　せっかくだから、そこにトマトがなっているから採りましょう。（おふたりはしばし、鴨川自然王国の一角にある畑で、トマトやナスの収穫に歓声をあげる）

あん　加藤さんは若くして有名な歌手になられたのに、どうしてこういうところにたどり着かれたのですか？　亡くなったご主人の藤本敏夫さんのつくられた鴨川自然王国の理想をつがれ、ご自分で「鴨川未来たち学校」（注1）を立ちあげ、音楽活動でお忙しいのに国連環境計画（UNEP）の親善大使までされている。

加藤　その理由といえるかどうかわからないけど、わたしは中国大陸の満州に生まれて、戦後、京都に引き揚げてきたのね。幸い、父が昭和22（1947）年に復員してきたので、京都から東京へ引っこした。そのころの東京はまったくの焼け野原でみんな精一杯生きていたんですね。

　小学生のときにまた京都に引っこして、親戚の家の離れの小屋で暮らしはじめたの。家が神社のそばでまわりに竹やぶも畑もあって、母は開拓者のように竹やぶを開墾し畑をつくり、バレー・コートをつくり、庭に流れていた川をせき止めて池もつくってくれました。小屋は2間しかなかったけれど、テラスをつくりアケビ棚をしつらえ、外で食事などをして、大変貧乏だったけど母のお陰でいきいきとした生活ができたんです。

わたしの住んだ上加茂は田舎で、クラスの半分は農家でしたね。当時、わたしの母は洋服の仕立てができましたから、わたしは母のつくってくれた華やかな洋服を着て学校へ通ってました。クラスメートは綿入半纏などを着ていたので、わたしたち家族は、まわりからちょっとおかしな家族に見えていたかもしれませんね。

学校のまわりには畑があり、肥えだめに落ちる子もいました。今でこそ日本で農民は人口の5パーセントをわっていますが、その当時は専業農家がおおかったんですね。日本社会は急速に変化してきたということですね。

わたしは正直、〝田舎臭い〟のが苦手でした。でも子どものころ周囲は畑で、採りたければいつでもトマトなど野菜や果物は目のまえにあり、こういう状況が一生つづくと思っていたんですね。アッと気がついたときには周囲にはなにもありませんでした。驚くべき変化ですね。

それを壊してきたのはわたしたちの世代ですし、責任重大ですね。わたしの夫も幼いときを大阪、兵庫ですごしたシティボーイです。だから農業に憧れたのかもしれませんね。最近では夫がはじめた帰農塾に、東京から農業をやりたくてたくさんの人が来るようになりました。都会的に見える人が子どものときに経験した田植えをはじめたり、懐かしくなって農業をはじめたという話を聞きます。

急激な変化という意味では、カナダではどうですか？

注1 **「鴨川未来たち学校」** 加藤さんが地元の市民グループと身近な環境問題を考えるために、2003(平成15)年1月に発足させた会員制のオープン・スクール。これまで「水を考える」「海に聞こう」「ゴミをどうする」などのテーマで、多彩なゲストを招き、加藤さん自身の司会・進行で進められる。年会費は2500円。申しこみは鴨川自然王国内のT&T研究所。TEL:0470-99-9013 Eメール kingdom@viola.ocn.ne.jp

日本の社会がこんなに変化をしても良いものかと疑問に感じました

あん カナダは日本にくらべると時が止まっているような感じがします。一応先進国といわれています。たしかに一部はそうなのでしょうが、そうでない部分もあります。

今75歳[2004(平成10)年8月当時]になるわたしの父は開拓時代を経験した人です。祖父はウクライナ生まれで、8歳のときに移民としてカナダのアルバータ州に入植しました。20世紀のはじめごろのことです。16歳のとき独立して、ウクライナから来た女性と結婚します。

父は電気も水道もないなかで生まれ育ち、通信教育で中学・高校を卒業します。家をつぐことをあきらめ大学へ行くのですが、農業から離れたくないので農学、医学、栄養学を学び、農学博士になります。父の世代は青年期まで車も、電気も、水道もない時代であり、すさまじい変化の時代を生きたのです。わたしは1965(昭和40)年の生まれですが、わたしの時代はあまり変化のない時代でした。

わたしは1982(昭和57)年、高校時代に来日し、いったん帰国し1988(昭和63)年にふたたび、大学生として日本に来たときは目が飛びでるくらい驚きました。わずか5

年のあいだに社会がこんなに変化してもよいのかと疑問に感じるほどでした。

そのころ、欧米では日本の経済・政治を研究することが流行っていましたが、わたしは社会学からはいりました。日本が高度成長から得た成果は認めますが、生活の根本である食の自給からこんなに離れてよいのか疑問をもっています。

開拓者である父は、「人間は自分の食べ物は自分の手でつくらねばならない。全部はつくれなくても、命のもとになっているものは自分でつくらなければならない」という信念を頑固にもっていました。わたしが子どものころはスーパーマーケットのある時代でしたが、家のまわりは菜園で、家庭で必要な野菜は全部そこで栽培していて、わが家は周囲からはへんな家庭と思われていました。5人兄弟の7人家族でしたが、野菜は全部自給自足でした。家のなかは手づくりのパンや野菜ばかりで、友だちの家に行くと店で買ったクッキーなどがあり、それが憧れでした。

得るものがおおい鴨川自然王国の暮らしと時間

加藤　うちの母もパンを焼き、お弁当にもっていかされました。普通のお弁当のほうがうれしかったんだけど（笑い）。その点、あんさんに似ていますね。わたしの母は器用な人でパンでもうどんでも全部自分がこねてつくりました。また、外地にいましたからロシア料理もつくります。とにかく料理は上手です。母が健在なので、わたしはいまだに日ごろの生活ではお客さまみたいな面があります。わたしは子どもたちに「文化はおばあちゃんから孫につたえられるものよ」といい聞かせ、料理をおばあちゃんから学ばせるようにしています。

母の料理は上手すぎて、娘のわたしは全然駄目なんです。わたしがたまに料理すると「登紀子の料理はいつも朝食みたいだね」といわれます。

あん　わたし先日、城崎（兵庫県下の温泉地）に行って温泉にはいってきました。そこでは浴衣と下駄をいただけるのですが、そのとき感じたのは、今の日本には下駄の歩き方を知らない若者がおおい。不器用な歩き方をしていました。

加藤　歩いていてもリズムがとれないということですね。

あん　わたしの両親が１９７４（昭和49）年にはじめて日本に来て2か月ほど旅をしたとき、下駄の音が印象的で下駄を３足買ってカナダにもち帰りました。１９９９（平成11）年にふたりはまた日本に来たのですが、両親は下駄の音がなくなってさびしいねといっていました。

加藤　ラフカディオ・ハーン［小泉八雲。１８９０（明治23）年に来日し帰化したイギリス人。随筆や旅行記で当時の日本を活写した］も日本にはじめて来たときの印象を下駄の音と物売りの声で細かく表現していますね。

あん　人は異文化に接するとき耳と目が敏感になります。けれど、日本の滞在が長くなると感覚がだんだんと鈍くなります。

加藤　それに日本に日本の音がなくなってきていますね。ここには元気のいい部分と歴史の遺物みたいなものが身近にある。

あん　ここはほんとに自然王国ですね（インタビューはツクツクボウシの鳴き声が絶えない庭先の大木の下でおこなわれた）。東北に住んでいるわたしは、豊かな自然は東北や四国にしかないと思っていましたが、反省してます。

加藤　１９８６（昭和61）年に夫がここ、千葉県の鴨川に来たんですけど、びっくりするほど田舎

「さあ、すぐに食べましょう」と加藤さん

らしさがのこっていますね。地方にはどのような生活のなかにも独特の文化があるでしょ。習慣、やさしさ、言葉の響き。バブルがもうすこし長くつづいていたらこういう所はなくなってしまったかもしれません。ここには昔の風習がそっくりのこされています。21の集落があって月に1回ぐらい集会が開かれます。集会所は2間あって、上座と下座があります。上座には男の人がすわり、下座に女の人がすわります。わたしは新参ですから下座でも末座にすわります。末座では上座の話は聞こえません。女の人たちは発言権を放棄していて、はじめから男たちの話を聞いていないらしいのね（笑い）。話を聞きたいならあちらに行きなといわれて、大変おもしろく感じました。

女の人は差別されているというより、面倒くさい話はあちらでやればいいじゃないのという態度です。正月の宴会でも男の人と女の人はまったく別の場所です。男の人は偉い人順とか歳の順とかでいかめしいのですが、女の人は台所に近い部屋でぐちゃぐちゃと楽しそうにしゃべってる。

こういうのを男女の差別があるともいえるけど、男と女、どっちのほうが開けているかというと女性のほうが開けていますね。

あん　あっ、わたしもそう思いますね。

加藤　新しいイベントをするので手伝ってちょうだいというと、「あい、いいよ」といってすぐ動いてくれるのは女の人。ここには、元気のいい部分と、歴史の遺物みたいなものがすぐ身近にあります。

あん　東京の近くにこんな所があって、ある意味で人に知らせたくないですね。

加藤　都会にいると自分の生活を自分の手でできなくなりますから、それでもここ2年、ここ鴨川自然王国にいてイネやダイズを育てたりしています。夫はここを農業運動の発信地としてつくったと思いますが、得がたいすばらしいものというものはすぐに意味づけられるものではなく、普通にここで暮らしている時間から得るものがおおきいと感じています。そこで今年［2004（平成16）年］からここに住所を移してスロー・ライフの感覚をゼロから体験してみたいと思ってるの。今まで生きてきた時間のなかで、その才能がわたしにあるかどうか。

あん　これからのご活躍が楽しみです。

「自分がなにも
知らなかったことを実感。
わたしにとって
田舎暮らしは
0歳から
出発しているようなもの」
——加藤

「わたしは日本の
海岸線を歩いています。
日本は人間を
保護しようと
壁をつくり、
公共事業のエンジニア王国に
なっている気がします」――あん

千葉・鴨川で循環社会づくりに足元からとりくむ加藤さんに、ひとりの生活者として環境問題にどうむきあうか、田舎暮らしの可能性についてお話しいただきます。

加藤　ここ（千葉県鴨川）に住んでみると自分がなにも知らなかったことを実感します。田舎の人は、自分は田舎者でなにも知らないとおっしゃいますが、じつにいろいろなことを知っています。そういう人からいろいろと学んでいきたいと思い、こちらに住所も移したの。

わたしにとっては0歳から出発しているようなものなので、未来しかないわねっていってる。

あん　わたしは宮城県の松山町に家を借りて3年まえから住んでいます。昔の屋敷林に囲まれたいいところです。今の加藤さんの話を聞いていて似ているなと思いました。

ウルシという植物がありますね、去年［2003（平成15）年］かぶれて全身真っ赤になって、今年は絶対気をつけようと思っていたのに今年もかぶれて、やっと治ったところ。

田舎暮らしをすると知らないものばかりで、いかに自分が無知であるかを知らされ、自然

に対して謙虚になれます。わたしみたいな人間はコンクリートの世界に長くいると、人間の存在がどんどんおおきくなり、自然を意識しなくなります。田舎にいると、自分がいかにちいさい存在か、自然のおおきさを身をもって認識させられます。人間はちいさい存在なのに自然にあたえるマイナスのインパクトはおおきい。

加藤　ちいさいときから自然に触れることのないマンションや団地に住んで、学校も渡り廊下を渡ればいける、買い物もエレベータを降りればすぐにスーパーやコンビニがある。体を動かさなくてもすべてが完備していることがすばらしい自由空間なのだといった考え方がありますが、そんな生活は動物園の動物みたいな感じね。スーパーに行けばなんでもおなじ場所にそろっている。そんな所で子どものころから育つと、苦労してなにものかにたどり着くという喜びはなくなってしまいます。なに不足ない生活は人間にとって退屈なものです。人間は今、退屈という恐怖におびえているような気がしますね。

一生活者としてなにができるのか――「鴨川未来たち学校」の設立

加藤　このあいだ、「鴨川未来たち学校」の場でお話をしたのですが、わたしが鴨川に住む決心をしたのは、環境問題には地球レベルでのものももちろんあるんだけど、地域で解決しなければいけないことがほとんどです。国連環境計画（UNEP）の親善大使として世界の現場で見聞きしてきたとしても、「では一市民として、一生活者としてどこの環境に対してなにをしているのか」と自分に問いかけると呆然としてしまいます。巨大な東京の住民としては、なにもしてないことに気づかされました。

その点、ここに来てわくわくしたのは、ここは人口3万人で、木の葉っぱのような形の街で、1本の川、ひとつのビーチ、ひとつの山、そしてその頂上には大山不動尊という1200年まえからのお寺があるの。歴史と自然が一体になっている、うっとりするような街です。下水がまだないなどの点でも循環社会に移行していくにはチャンスのある町だと思ったのね。せめてわたしたちの理想とする循環社会が鴨川でできないかなーと夢みているの。

もちろん市は開発を目指している。市長さんは友だちだけれど「ぼくはデストロイヤーだよ。こんなに仲良くしてもいいのかい」と自嘲ぎみにおっしゃっている。わたしは「あなたはあっちもこっちも開発し、その結果ビーチが縮小したりして行きづまってしまったのだから、今度はターンして一緒にやりましょう」といっているんです。今では市長には「未来たち学校」の校長先生になってもらっています。そして市の環境課の人たちにも加わってもらい市民に参加を呼びかけています。

市民として志をもってこういう方向に街をもっていこうと思ったとき、ここならできるかもしれないという夢がもてる、とうれしかった。それで勉強会をはじめたわけです。

このあたりの千枚田は、天水の棚田です。春の「エコ・ライフ・フェスタin鴨川」のときに地元の高校生が発表したんですけど、かつてじわじわ豊富にわきだしてくる地下水で地すべりが起こりました。その地すべりを上手に利用してきたのがここの千枚田だそうです。地下水と天水だけで、自然と共生する歴史をこの土地はもっているのです。

未来たち学校の1回目の講師をしてくれた嘉田先生［嘉田由紀子さん＝対談当時・琵琶湖博物館研究顧問、2007（平成19）年現在、滋賀県知事］はこの棚田の美しさに感激されていましたが、こんなに広い天水の棚田をごらんになったのははじめてだそうです。ここにはトウキョウ

サンショウウオとかアカガエルとか絶滅危惧種《きぐ》がいっぱい生きている所なの。だけど下のほうは土地改良が終わって、水がバルブをひねればいくらでも使えて、川に排水できるようになっていて、このちがいをひとつの街で観察してみんなで発表したんです。

あん　鴨川はビーチの街でしたが、たったひとつマリーナができたため海岸が崩壊しかかっています。ここはサーフィンのメッカだったのですが、砂浜が狭くなっています。

わたしはこの5年間、日本の海岸線を歩いています。北海道と本州の日本海側をほぼ歩き終えました。日本は、自然から人間を保護しようとして壁をつくり、あげくは公共事業のエンジニア王国になっている気がします。

ゴミ問題ととりくむことはすべての環境問題につながっていく

加藤　九十九里浜は長大な浜辺ですが、磯をコンクリートでかためたために浜があと数年でなくなるというのです。何億年もかわらなかった風景が数十年でかわってしまうっていうの。なんでテトラポッド(商品名)というコンクリートの塊を浜辺にならべるのか不思議だったけど、ゴミの問題に思い当たりました。ゴミを焼却したときにでる灰をかためて埋め立てているという話です。ゴミを処理するために埋め立てが増えているというのです。

リサイクルと循環社会の勉強から、土はどのようにしてつくられるかという問題に到達しました。わたしたちは農薬のかかった食物を食べて化学物質を排泄しています。循環社会をつくって堆肥をつくっても堆肥のなかに化学物質が混ざってしまうんですね。水で洗っても化学物質を処理しきれないしね。こんな話を聞くとまったく呆然としてしまいます。

わたしたちは無農薬の有機栽培を奨励してきました。そんな話をしても、うわごとみたいでだれも本気で話を聞いてくれない。日本で一時期、有機栽培がはやったとき、売れたのは有機栽培と印刷した段ボール箱だったという笑い話のような話があります。

病気で医者に行くと抗生物質があたえられ、ホルモン剤も飲んでいますが、薬を飲むこと

で地球を汚染しているという意識はすくないですよね。農薬だけでなく、人間は自分のために薬物を使うことも自粛《じしゅく》しなければ。たとえば骨粗鬆症《こつそしょう》防止のために飲むホルモン剤は排泄後、魚類におおきな影響をあたえている。

あん　人間の排泄物が魚類にあたえる影響は英国で研究が進められて、ここ2年ほどその内容が報じられてますね。ただ、科学者から一般人へ、一般人から行政へ、それから行政が立法措置をとる、そこまでたどり着くには大変な年月がかかります。

加藤　環境問題は知らないことがおおすぎて、こんなにも知らなかったのかとショックを受けるのですが、知ってしまうともうのんびり生きていられない。その悩みを感じますよね。

伝統的な生活を持続し、自信と誇りをもつことがこれからの課題

あん　加藤さんは現場主義の運動家で、かつ、研究家です。ひとつのローカルなものに深くはいっていって、そのうえでグローバルな展開をくりひろげられている。知れば知るほど絶望的になるといいながらも、お話をうかがうとご自身には輝きがあるし、絶望的なところもあるけど、絶望のなかで希望を感じさせてくれます。現場で見たこと、感じたこと、希望について聞かせてください。

加藤　こういう場所に帰ってきて、トイレはくみとり式、自分の所で浄化しています。水も川からとったり、井戸を掘ったりしてまかなってきました。人間はだんだん土から離れた生活をするようになってますけど、まだまだあともどりできる気がします。化学物質にあふれ、自然から隔離された都会から、微生物がうようよしているこの土地に帰ってくるだけでも

精神的にずいぶん救われる。夢のような生活をしてるわけですから。夫（故・藤本敏夫さん）もそうだったんじゃないかと思います。

わたしはUNEPの親善大使としてトンガ、フィジー、ウズベキスタン、キルギスなどを訪問しました。これらの国は貧乏ですから、農業にあんまりエネルギーや農薬を使わない。キューバでもお金がないのでとても素朴ですよね。

あん キューバはいいですね。わたしも訪問して感動しました。

加藤 キューバはオーガニック農業をつづけています。サトウキビを精製するときでてくるタールのような液体を竹の筒にとって畑におき、それで虫を除いてます。畑に細い管でちょろちょろと水を供給したり、苗床には日本の〝ししおどし〟のようなものがあって、何分かに1度ポットンと給水するなどいろいろな工夫がされています。「ハイテク」じゃなくて「ローテク」な工夫にこそ、持続的な可能性があると思うんですね。ここに救いがあります。

トンガは自給自足を原則としている社会で、男は成人すると8エーカー（320アール）の土地をもらい、一家はそこで自活するの。マーケットのない社会ですから食事は畑の作物でまかない、父親は4時半に仕事を終え、家に帰って食事の支度をする。食事をこしらえるのは男の仕事です。タンパク質は海から拾ってきた貝で補うのです。食事まえの1時間が貝拾いの時間です。新鮮ですから冷蔵庫は必要としません。こういう生活をつづけてきたのですが、今は自動車や冷蔵庫がはいってきて生活がかわってきました。

ただ、まだ以前の素朴な生活のスタイルをのこしている人びともいます。この人たちのお金を使わない生活を今は貧乏と呼んでいるのですが、この貧乏のなかに本当は理想があるみたいね。彼らが夢をもちながら伝統的な生活を持続でき、コミュニティーの人びとがそこに自信と誇りをもてるようにするのが、これからの課題だと思います。
伝統的な生活はそれなりに豊かでありながら継続できないために、人びとは都会へでてスラム化しています。なぜそうなるのか、それは今まで自給自足を可能にしていた豊かな自然が急速に失われているからです。エビの養殖のためにマングローブ林を伐採し、海の魚も貝も急速に減ってしまった！　地球の変化がそういう所を直撃しているんです。こういう社会を訪問すると、希望と絶望を同時に見る思いがします。

「生きている鴨川」　作詞・作曲　加藤登紀子

こんなにたくさんの水は　どこから来たんだろ／ひとつぶひとつぶ　空から降って来たんだろう／こんなにたくさんの魚　どこから来たんだろう／ひとつぶひとつぶ　母さんの卵から生まれて来た／それとも遠い海から　泳いで来たのかな／それとも好きなだれかを　さがしに来たのかな／ふるさとの山川　生きている鴨川　（**1番のみ掲載**）

「わたしは歌手ですから、古い文化に対する愛着とか、古い知恵に対する尊敬、古い歴史に培われてきたものを失わせてはいけないという思いがあるのね」——加藤

「カナダの先住民は母語の使用を禁止されました。教育は大切なものでありながら怖いものです。先進国になればなるほど、自然界とのつながりはおろそかにされます」――あん

農業、漁業、林業など基本的な人間の営みによって育まれてきた古き良き日本の伝統や文化。そのなかに、わたしたちが忘れてしまった「持続可能な社会」への道しるべを求めて、日本の農村・漁村を歩くあん・まくどなるどさんに「原日本人」を探していただいた本シリーズもいよいよ大詰め、加藤登紀子さんとの対談の締めくくりは教育、食・農業に話題がおよびます。社会の転換に地道にとりくまれるおふたりの力強さがつたわってきます。

教育の光と影

あん　UNEP（国連環境計画）の親善大使として訪問された中国の黄土高原ではどうでしたか？ここでも絶望と希望をごらんになったのでは？

加藤　黄土高原にある大同県は北京の水源になっている所ですが、水が枯れてきたので、「退耕還林」といって、いったん畑にした所を植林して森林にもどそうとしています。自動車で何時間走ってもポプラの林です。現地で地道に植林活動を行っているNPO、緑の地球ネットワークの高見邦雄さんはポプラの植林は成功しないだろうって。

ポプラは地下水を吸いあげてしまい、水の奪いあいになって枯れていきます。しかも、農民たちは畑を奪われているのです。中国政府も最近は「退耕還林」の見直しを行っているそうです。

高見さんは黄土高原の棚田に杏の木を植えているんだけど、杏による副収入が増え、村の収入は10倍に増えたといってました。

あん　生意気なことをいいますが、わたしがはじめて日本にきたとき、日本は先進国への道をひた走っていました。欧米先進国をモデルとしない、多様性のある別の道もあるのにと思ったものです。アジアの途上国にも別の道があるとは思われませんか？

加藤　わたしは歌手ですから、古い文化に対する愛着とか、古い知恵に対する尊敬とか、古い歴史に培われてきたものを失わせてはいけないという思いがあるのね。

先進国は会議をするたびに、1ドル以下で生活する人をなくしましょうとか、全世界に水道を普及しましょうとか、世界中のすべての子どもたちに教育の機会をあたえましょうとか決議するでしょ。それはヒューマニティの意味でまちがいとはいえないけれど、現実にぶつかったときは考えさせられてしまうことがおおいの。

価値の転換を生まない教育もあっていいと思う

加藤　バリ島の漁村へ行ったときですが、そこには桟橋もなくて、塩田もすべて天日干しで、動力はひとつも使われてなくて、容器もヤシの実をわったものとか、すべて天然のもの。その横では小学生たちが学校の制服を着てサッカーボールを蹴っているんですよ。教育はちゃんと行きとどいているの。

案内してくれた通訳の青年に「動力を使わずすべてを人力で行っているバリ島の労働は大切だよね。これこそサステナブルな労働だとわたしは思うけど、あなたはどう思う？」と聞いてみました。彼は「ぼくもそう思う。なぜなら彼らはこれしかできないのです。動力が導入されると彼らの仕事は失われてしまう」というのです。「お父さんたちは字が読めません。子どもたちは字が読め、英語も話せます。子どもたちが成人すると、もう、お父さんたちのような生活はしないでしょう」ともいいました。

教育は一見、すばらしいもので価値の転換を生みます。けれど価値の転換を生まない教育もあっていいと思うの。教育には近代化にむかうという価値尺度しかないから、それが古い文化を破壊することがあります。昔、アラスカのイヌイットたちが学校教育を拒否して法廷闘争をしましたよね。明治時代にアイヌの人たちが自分の知恵を子孫に伝承しようとしても、文明開化の名のもとに、子どもたちは無理やり学校にやらされたのね。この場合、教育は伝統文化を破壊する方向に働いたでしょ。伝統文化を尊重する人びとは学校教育を拒否しようとしても、半ば暴力的に教育が強制されました。

カナダでは先住民の文化を大切にしていると思ったのですが、どうですか?

あん　うーん、一見そう見えますが、まだまだですね。西海岸には活発な運動がありますが、わたしが調査・取材のために足を運んでいるグラシイ・ナロウズやホワイトドッグ（いずれもオンタリオ州）などでは、1960~70年代には先住民への水銀汚染の問題がありました。教育の問題では、善意とはいえ同化政策で、先住民は4歳で両親と引き離され、寮生活を強いられたんですね。そこでは母語の使用を禁止されました。

教育は大切なものでありながら怖いものです。先進国になればなるほど、机の上の勉強は評価されるけれど、自然界とのつながりはおろそかにされます。カナダでも日本でも環境教育に目をむけようとしているのですが、現実はいま一歩じゃないですか。循環型社会を求めるならローコストの生活を目指しましょう。

加藤　日本はちいさな国ですが、飛行機の上から見るとまだまだ森がのこっている国でしょ。アメリカ型社会を目指し何十年も走ってきたけど、今、ちがった方向に日本の目標があると決断して進めば、ちがった行き方ができるのではないかしら。でも、日本はまだ決断せずに、社会全体としては依然として近代化路線を走り、GNP神話を脱していないのね。

あん　脱GNP、脱お金、脱競争は今の日本社会で可能でしょうか?

加藤　いろいろと考えるのですが、お金を使わない生活はすばらしいものです。わたしたちは、生活の豊かさをお金の尺度で測りすぎますよね。この近辺に地域通貨にとりくんでいる人がいて、わたしは最初はぴんと来なかったけど、善意に対して善意でお返しするというか、物々交換のようなもので、とっても楽しいの。

　ここに外からはいってきた人たちにとっては、地域とおつきあいをはじめるのに地域通貨は良かったそうよ。日本人の礼儀のなかに、お金でお

礼を返してはいけないというのがまだ生きていて、そこには脱お金という感覚があるでしょ。循環社会を求めるならすこしお金から離れた生活を目指しましょうということなんですよね。

　片や環境を唱えながら、片やGNPのあがりさがりに浮身をやつしていますが、ローコストでハイクオリティな生活をつくりだしていくことこそ、ほんとの豊かさへの道だと思う。

　森に木がある。そのことを豊かさとして測る尺度が、残念ながらないんです。森の木を全部切って売ってしまいます。そこでお金がはいってきたときにGNPがぐっとあがる。GNPばかり眺めている人にとって、GNPがあがることがなにより大事なんですよね。

あん　どの先進国も安定を目指しています。

加藤　でも、この行きつく先は安定ではなく崩壊です。公害も、水問題も、温暖化の問題も科学技術が解決してくれると期待している向きもありますが、それは甘い考えだと思います。市場原理が解決してくれるだろうという考えもありますが、それより

日本はちいさな国ですが、飛行機の上から見るとまだまだ森がのこっている国

まえに市場が崩壊なんてこともあり得ますからね。

わたしはちいさなことを節約するとか、「えー、こんな無駄なことやめよう」といったことを積み重ねていくことからでも世のなかは相当かわると思ってるの。

あん　ちいさなことからという意味では、「One step, one step at the time」という英語があるのですが、それに尽きると思いますね。

加藤　電気をあまり使わない都会があってもいいのではないでしょうか。コンビニはまぶしいほど明るくないと、ものが売れないのだそうですね。人間も虫とおなじなのでしょうか（笑い）。現代社会では人目につくライトアップが大好きだし、けばけばしたものが受けますが、消費者個人個人が環境意識に目覚め、環境にいいものしか売れないまでに消費者意識を高めていくしかないように思います。

あん　日本は目から食にはいる文化ですね。ある意味で、コンビニ型食事がおいしいと教えられると、それからぬけられないのかもしれません。

加藤　わたしの娘が母になる世代で、昨日も小学生たちがここにきてキャンプなどをしていったんですが、ここで採れたトマトをあんまり食べてくれなかったの（おふたりは畑で採ったばかりのミニトマトを頬張りながら）。ショックを受けて、あの子たちはなんで食べてくれなかったのかなーって考えたら、ここのトマトはコンビニのとはちがうものね。

夫・藤本さんと地球納豆クラブ

あん　わたしの友人のC・W・ニコルさんが昔、ご主人の藤本敏夫さんをここに訪ねて、納豆の話に花を咲かせたことがあります。わたしの勤めていた清水弘文堂（現・清水弘文堂書房）で出版した『C・W・ニコルのおいしい博物誌2』に紹介されているんです。藤本さんは日本納豆クラブの会長だったそうですね。

加藤　ちがいますよ。ち・き・ゅ・う（地球）納豆倶楽部の会長だったの（大笑い）。あんさんは納豆食べられる？

あん　地球納豆倶楽部とはすごいですね。わたしも納豆、大好きですよ。

加藤　わたしは外国のミュージシャンが来るとかならず納豆食べさせるの。納豆会社の人に、フランスに行って納豆宣伝してくるからお金だしてっていったら、お金だしてくれちゃったの。しょうがないからフランスでいろいろやったの。おもしろいことがあったわ。世界中の食を体験したというフランス人が「これだけはテリブルだ。絶対ダメ」というのね。その人が翌日、友人にいたずら心で「うまいぞ」と納豆を勧めて、すこし食べて見せたのね。2回目に食べたときからすこしおいしく感じ、いたずらしているうちに納豆大好きになったって。

あん　わたしも最初に食べたときは、もういいかな、って感じだったの。でも日本の大学に留学しているときは節約するために、納豆を食べざるを得なくなりました。だんだん、1日1回は食べないと夜は眠れないというほどやみつきになって、今も朝ごはんにないとものたりない感じです。

加藤　でもほんとはね、わたし、藤本は納豆食べなかった人だと思う。関西の出身だから。論理から納豆にはいった人だから、人に勧めて納得させているうちに、自分も好きになったんだと思いますよ。だから、藤本の開発した納豆はほんとにおいしいの。自分が好きになるおいしい納豆を追求したんだと思いますよ。ほんとにいい食べ物。ダイズは荒れた土地でもつくれるし、栄養はあるし、体をきれいにするし、なんで世界に広がらないのかしらね。

問題にぶつかったとき、それをのりこえるための馬力がわたしたちにあるかどうか

あん　藤本さんは「農的幸福論」（この対談の最後にその趣旨掲載）のなかで「必要なのは、生活者としての農、農的な考え方を実践すれば、健康や環境や生命教育の問題の解決策がそこに見えてくる」といっています。藤本さんは、人類が生きつづけるための食べ物について考えて、おいしい納豆づくりに、はげんでいたのかもしれませんね。農業の多面的機能、多様な価値、持続循環型田園都市の必要性を説いた藤本さんの役割はとてもおおきかったですね。

加藤　わたしは多少懐疑的になっていると思いますが、それほどスムーズには成功しないと思っています。たとえば、農薬を使わない農業にしてもいろいろな問題にぶつかるでしょ。問題にぶつかったとき、そのまま引きさがるか、ぶつかった問題をのりこえてその先に進むか。そのとき、われわれにどれくらいの馬力がのこっているかということです。このまま順風満帆に社会が転換していくとは思われません。

でも、いい方向にあるんだと、願うだけでも幸せ。この辺の人びとはみんな幸せそうですよ。

あん　最初に入り口の「自然王国」という看板を見たとき、こんな名前をつけられる人はすごい自信だなと思いました。そして、そこから学ぼうとする加藤さんの姿勢はすばらしいですね。

加藤　ここでの活動を守っていくのがわたしの役割だと思ったんですが、ふっと、なにもしないで「自然がいっぱいあるのよ」っていえるのも鴨川自然王国を守ることになるかもしれないと思ったの。だから、なにごとにも積極的になってしまう自分を抑えるぐらいの気もちで、

今はいるの。

あん　たくさんのお話、ありがとうございました。

［２００４（平成16）年８月26日、せみ時雨の鴨川自然王国にて］

藤本敏夫さんが農林水産省に提案した21世紀の「農的幸福論」

藤本さんは２００２（平成14）年５月、当時の武部　勤農林水産大臣に「農林水産省の20世紀の反省と21世紀の希望」と題する提言を行っている。

「持続循環型田園都市」と「里山往還型半農生活」を「エコ・ファーマー」と「ウェルネス・ファーマー」の連携で創出するという内容で、健康と環境に配慮した生産農家と都市生活者が手をつなぎ、新しい地域社会モデル、ライフ・スタイルの構築を呼びかけている。藤本さんの提言は、具体的な施策として国や自治体の農政にとりいれられている。

加藤　登紀子（かとう・ときこ）

多彩な音楽活動に加え、２０００（平成12）年から国連環境計画（ＵＮＥＰ）親善大使に就任。環境、農業問題にも深くかかわり、アフリカ諸国、タイ、インド、中国などの環境被害の激しい現場に足を運ぶ。千葉県の鴨川自然王国で「農的生活」を実践していた夫の藤本敏夫さんが２００２（平成14）年に急逝。加藤さんは、藤本さんの遺志をつぐべく、鴨川に住所を移し、時間のおおくを循環社会づくりにそそいでいる。藤本さんの原稿を加藤さんが編集して出版した『農的幸福論――藤本敏夫からの遺言』（家の光協会）のなかで、『のこされた空白を、どのようにうめていくのか。それがわたしの、わたしたちのおおきな宿題だと思っています』と述べている。鴨川自然王国を拠点に「鴨川未来たち学校」「T&T（Today & Tomorrow）研究所」などを相ついで設立。地域の環境活動にも積極的にかかわっている。２００７（平成19）年５月９日にニュー・アルバム「シャントゥーズⅡ～野ばらの夢～」発売。

あとがき対談

礒貝浩さん

「『この地球上に生息した生物《せいぶつ》のなかで、人類は最悪の生物《いきもの》』という仮説を前提として……もちろん、そうでないことを願いつつ……」

「礒貝さんは受け身で待っている者には一切、指導しない。しかも冷たい。こんなおっさんに負けてたまるかといった気もちでした」——あん

原日本人を全国に訪ね歩くあんさんが、初出誌『グローバルネット』の対談では、11回目の対談相手にお願いしたのが、礒貝　浩さん。加藤登紀子さんとの対談が最終回でした。しかし、単行本化にあたって、礒貝さんとの対談を『あとがき対談』と位置づけて、最後にもってきました。彼は1960年代初頭から世界中を放浪し、フィールド・ワークを基本にすえて少数派の視点で創作活動にとりくんでいる探検家、ノンフィクション作家、写真家、編集者、アート・ディレクター……来日したばかりのあんさんが学んだ「富夢想野塾《とむそうや》」の主宰者でもあった礒貝さんは、師でありライバルであり、同志でもあります。

はいるのも自由、でていくのも自由「富夢想野舎《とむそうや》」

あん　わたしは礒貝さんというと、ジグソー・パズルを連想します。一枚一枚のピースをそろえるのがむずかしくて、完成するまでは全体像がわかりにくい。

礒貝　いや、そんなに複雑ではない。おこがましくも、トータル・アーティスト気どりで一応、ノンフィクション作家などと自称しているが、同時代の日本の人びとに、まったく支持されたことがない。あえて、負け惜しみをいえば、支持されようと思ったこともない。なんにせよ、たいした作品を世に問うことができないまま、マス・メディア界の「さえない黒子」として一生をすごした男。さらにいいつのれば、ぼくはいつもどこでも少数派のアウトサイダーだった。

あん　60歳をこえてからは、「無冠のさまよえる熟年男」というのが、ぼくの自虐的キャッチ・フレーズ。そして、「みなさん、ひとあし、おさきに、さようなら」……おれって、ゆがんでるね。

はじめてお会いしたのは、わたしが日本の農村で民俗学のフィールド・ワークをやりたいと思い立って、ある人から紹介されたときでした。そのころ、日本人はみんな「いわゆるガイジン・ギャル」のわたしに温かかったのですが、礒貝さんは冷たい印象でした。

礒貝　ぼくは1991（平成3）年に『旅は犬づれ?』という本を出版しました。その冒頭に『いまの日本と日本人、あんまり、好きじゃあない』と書きました。自分自身が日本人であることは棚にあげて、高度成長期とそれにつづくバブル時代を生きていた日本人に失望していました。それまでは東京を拠点に「売れないモノ書き」をキャッチ・フレーズにしながら、メディアの「自称・プロデューサー」としてジャーナリズムの底辺をはいずりまわっていましたが、そうした活動をいっぺん、パーッと切り捨てて長野県の黒姫（信濃町）に1万2000坪の土地をニック（作家のC・W・ニコルさん）が、「その土地の自然保護をすること」を条件に紹介してくれたので、そこを買って富夢想野舎《とむそうや》（注1）をつくり、そこにこもり、塾生は肉体労働を提供するかわりに授業料なしという農村塾をオープン。「昭和の松下村塾」なんて、気どってね（笑い）。その塾へ、あんが迷いこんできた。この人は見かけによらず、なかなか、したたかですから、最初は妹を偵察によこしたあと、みずからのりこんできた。

あん　1989（平成元）年の夏でした。

礒貝　1994（平成6）年に火事ですべてを失うのですが、それまで塾をやっておりました。入塾には国籍・学歴・年齢を問いませんでしたが、卒塾時のハードルは高くしました。気分としては、「無冠だが実質的には博士号取得水準の塾」。塾にはいる条件は、テーマはなんでもいいのですが、本屋にならぶ本を1冊、書くこと。卒業生の第1号はあんで、つぎは妹のジェーンでした。日本人でまともに卒塾した人は、ほとんどいませんでした。当時の日本人は、老いも若きもバブルに浮かれていて、田舎の自然のなかで腰をすえて勉強して、なにがなんでも自分のやったことを1冊の本にしあげて、「後世の人類だけでなく地球のために役立つかもしれない記録を、なにかのこしておこう」という気構えをもっている人はあまりいませんでしたね。

あん 礒貝さんの指導方針は、とにかく本人が「現場主義」で行動を起こし、その結果をだしたら、いろいろ相談にのってくれるのですが、最初から丁寧には教えてくれません。指導を受身で待っている者には一切指導をおこなわない。しかも、冷たい。こんなおっさんに負けてたまるかといった気もちでした（笑い）。提出した論文は3回もゴミ箱に捨てられました。わたしの論文は頭でっかちで足が地についていないというのです。3回目にはさすがに疲れ果ててしまい、カナダに帰ってしまいました。

舎内で飼っていた羊や豚の丸焼きパーティーが富夢想野の年中行事だった。そんなときは、〝男女平等〟の肉体労働が……雪のなか、先頭に立って羊を丸焼き現場に運んでいるあんさん

礒貝　今のご時勢だと、いわゆるアカデミック・ハラストメント、あるいはパワー・ハラストメントで、大問題になるところだったね（笑い）。ぼくが若いころ仕事をしていた某大新聞社の某週刊誌デスクが、新人記者をきたえるにあたって、提出された原稿のできがわるいと、ポイとゴミ箱にすててた。彼の教育スタイルが、いたく気にいっていて、それを真似ただけなんだけど……そんな乱暴なことが、許される時代だった。今、周辺にいる若者に、あんな方法で教育をすることは、もう2度とないでしょう。その情熱ものこっていないしね。

あん　カナダに帰って、日本の明治生まれの人びとから聞いた苦労話を思いだしていると、「この人たちのことを書かなければわたしの人生は、この先一歩も進めない」という気もちになったんです。思い直して礒貝さんに再入塾を要請する手紙を書きましたが、受けいれてくれません。でも、わたしはとにかく3度、日本に帰りました。

編集部　礒貝さんは、あんさんにどうしてそんなにきびしかったのですか？

礒貝　だれに対してもみなおなじです。自分に対しては甘いのですが……（笑い）。

在塾時代、あんさんが一番好きだった場所は、丸太小屋のなかの静かな図書館だったという。そこで調べものをしている時間が至福のときだったという

あんさんの処女作『原日本人挽歌』（右）と礒貝さんとあんさんの共著『元祖・カナダの森人たち』（左）

あん　礒貝さんのすばらしいところは、だれに対しても態度をかえないことです。「頭がヘン」とまわりからいわれながら、北極など人の行かない僻地へ行っても、精神のバランスはつねにかわりませんでした。

編集部　卒業生には外国人がおおいようですが、なにかわけでもありますか？

礒貝　国籍は関係ありません。あらかじめ、さだめたハードルをだれが超えるかという問題です。おっしゃるように、あの塾の卒塾生は、外国人がおおい……卒塾したあと、オーストラリア大使館で働き、その後、世界に冠たる某国際企業で辣腕《らつわん》をふるって、そこで金をためたあと、すっぱり、その企業をやめて大型の双胴ヨットを購入して、今［2007（平成19）年7月］現在、世界一周航海をおこなっているアンドリュー（Andrew Lellievre）なんて卒塾生も印象的だねえ。ああいう男は、そのうち世界レベルでなにかやるだろう……それは、さておき、あんは気性の激しい人ですから、ヒスを起こす、泣きわめく、あげくのはてに、頭にきて故郷に帰る。すべて、あんの人生、ナン・ノブ・マイ・ビジネス。富夢想野舎《とむそうや》の門は、はいるのも自由ならば、でていくのも自由。基本的にいつも開けっぱなしだったんです……。

でも、あん、なんだかんだといいながら、あなたは紆余曲折《うよきょくせつ》ののち、ふたたび富夢想野《とむそうや》塾に返り咲いて、ゴミ箱に捨てられた論文にさらに手をいれて、そのジャンルでは今も高く評価されている『原日本人挽歌』（清水弘文堂書房刊）という処女作を書いて、塾の第1号卒塾生になり、その後、塾頭まで務めた。ほんと、しぶとい人だね。しかし、あなたのような逸材を世に送りだせたことは、ぼくの名誉とすべきかな？

あん　それって皮肉ですか？

礒貝　半分皮肉、半分本音（笑い）。さらにいいつのれば、個人的には昔から今日にいたるまで、

直径30センチ以上の丸太を使った丸太組み工法やポスト・アンド・ビーム工法で、自分たちの手でつくった富夢想野《とむそうや》舎の図書館・資料館（写真右）と塾生たちの食堂・サロン・宿泊設備（写真左）。両棟をつなぐベランダのどまんなかを貫く樹木に注目。「敷地内の木は、１本も切らない」というのが、礒貝さんのポリシーだった

日本の山奥の〝わけのわからない全寮制農村塾〟にふたりの娘が「いれこんでいる」のを心配したあんさんの両親は、わざわざカナダから富夢想野《とむそうや》舎の偵察に来た。同舎ご自慢のバー「ナビゲーター・イン」でくつろぐ母、父、ジェーン（写真上右から）

黒姫富夢想野《とむそうや》舎無農薬農園で働く舎主の礒貝さん（写真下左）。黒姫富夢想野《とむそうや》舎の大手門。大型トラックが、でいりできた（写真下右）

奥会津（下郷）富夢想野舎

ぼくたちは、「いわゆる仲良し関係」とはいえないけど（笑い）、あなたとぼくの富夢想野塾《とむそうや》での出会いが、今年［2004（平成16）年度］の『カナダの元祖・森人たち』（注2）の出版による「カナダ首相出版賞」（注3）の受賞につながったわけだ。

注1　**富夢想野舎（とむそうやしゃ）**　1986（昭和61）年、礒貝さんが信州・黒姫に設けた拠点。山登りや探検・冒険好きな仲間と立ちあげた「創作集団ぐるーぷ・ぱあめ」を「自然のなかへ」移して改変した組織。敷地1万2000坪のなかに、何棟もの丸太小屋、民家、サウナ小屋、燻製小屋、鳥小屋、井戸小屋が点在し、出版社、編集プロダクション、無農薬有機栽培実験農園、窯、原木家具製作アトリエなどの工房として使われていた。敷地内に散在する8棟の丸太小屋は、すべて、ここに集う人たちが、みずからの手で建てた。命名にはマーク・トウェイン作の『トム・ソーヤの冒険』の主人公「トム・ソーヤのような少年の心を、われら、いつまでも＝永遠の夢追人」という思いがこめられている。1994（平成6）年、火事で施設のおもだった建物が焼けると同時に、塾は閉じられた。現在［2004（平成16）年］、あんさんは活動の拠点としている宮城県松山町で新・富夢想野《とむそうや》舎無農薬農園を主宰している。2006（平成18）年には、礒貝さんは、福島県下郷町の小学校（旭田小学校旧落合分校）の校舎を町から借り受けて、その木造建築を保護しながら、奥会津富夢想野《とむそうや》舎を発足させた。あんさんも、そのたちあげを手伝っている（写真上）。

注2　**『カナダの元祖・森人たち――ホワイトドッグとグラシイ・ナロウズの先住民／〝カナダのミナマタ?!〟映像野帖』（アサヒ・ビール発行　清水弘文堂書房編集・発売）**　過去5年間、礒貝さんとあんさんは、カナダ・オンタリオ州北西部を流れるイングリッシュ・ワビグーン水系の中流グラシイ・ナロウズと、その下流のホワイトドッグという先住民指定

居住区（ファースト・ネーションズ・リザーブ）に位置するふたつの村（バンド）で起きている有機水銀中毒問題について環境歴史学的立場から追跡調査・取材をしている。この調査のなかでふたつの村の住民２００人近くに〝いきあたりばったり方式〟でインタビューをした結果を写真とともにメモふうにまとめたものが本書。5年間に計11回の現地調査を実施、そのあいだにインタビューした先住民１１３人が登場する。本書は、現在［２００４（平成16）年8月］50パーセントまで完成しているという『カナダのミナマタ?!』の基礎資料と位置づけられている。『〝カナダのミナマタ病問題〟を過去にさかのぼって追跡調査・取材し、（中略）その結果の一部を発表するにあたり、つねに中立的立場をとることに最大の努力をはらったつもりである。しかし、「公害や薬害のように被害者が加害者になることがありえない事件においては、わたしは被害者の側に立つことが中立だと思う」（原田正純医学博士の発言。２００１（平成13）年度夏学期に開講された東京大学の講義「環境の世紀8」のホームページより抜粋）という〝論調〟に心ひかれながら、被害者である先住民と距離をおいて中立立場をつらぬくのは、ときに、たいへんシンドイことであったと告白しておく。あん・まくどなるど　礒貝　浩』［「まえがき」より（同書11ページ）］、『この五年間、まくどなるどはホワイトドッグとグラシイにのめりこんだ。母国でおきた有機水銀汚染問題を現地調査・取材を重んじながら、環境歴史学視点から分析することに全力をつくした。共同でとりくんだプロジェクトだが、ぼくは彼女にくらべて、醒めているところがあった。〝一歩ひいた姿勢〟で両村の村人たちと接してきた。遠い異国に住む人たちだから、そういう態度をとっていたわけではない。これまでの六十有余年の人生で、糊口をしのぐために〝多数派（この場合一流企業）〟と組んで仕事をすることはおおかったが、ぼくは一度も〝多数派〟と〝精神的同化〟をしたことがなく、アウトサイダーとしての道をみずから選び、いつでもどこでも〝少数派〟だった。そんなぼくは、若いころから地球のあちこちで〝少数派〟と接することを好んだ。こうしたぼくの〝過去〟が、ご当地での〝一歩ひいた姿勢〟につながる。』［「ものろーぐ（礒貝　浩）」より（４０９ページ）］

注3　**カナダ首相出版賞**（Canadian Primeminister's Awardes for Publishing：PMA）　カナダまたは日加関係に関する優れた研究を世に送りだし、日本語によるカナダ関係書籍の出版を奨励促進することを目的に、ノン

フィクション原稿（おもに学術書）をカナダ政府（首相）が表彰するもの。『カナダの元祖・森人たち』は2004（平成16）年度の同賞（翻訳部門）に選ばれた。

教えこまれた「手で考えて足で書け」と

あん　世間で話題にあがるようになる20年ちかくまえに、スロー・ライフ・スタイルの実践を目ざしながら共同生活をしていた富夢想野舎《とむそうや》の合言葉は「うしろへではなく、ぼちぼち、まえへぱあめ！（前進）」「まずは実行。しかし、黄色信号がともったら、ためらわず引き返す。そして、再度、果敢に再挑戦」でした。ほかに、塾のキャッチ・フレーズは「手で考えているか」「心に太陽をもっているか」「求道的であるか」「真心をつらぬけ！」の4つでしたね。

礒貝　合言葉は、ぼくの創案ですが、この4つのキャッチ・フレーズは、親父の受け売りです。親父は礒貝　勇といい民俗学者と理工系の教師（最終的には大学教授）の二束のワラジをはいていた、いわば知的職人のような男でした。柳田國男（注1）の弟子であり、かつ澁澤敬三（注2）が主宰するアチック・ミューゼアム（のちの常民文化研究所）の初期の同人だった親父は、「手で考えて足で書け」などといっておりましたし、「人間、真心をつらぬけ！」ということは、ガキのころから教えこまれていました。

あん　礒貝さんのすばらしさのベースにはお父さんの教育があります。親は子を愛しますが、仕事のすばらしさをつたえることは、なかなかできることではありません。民俗学者のお父さんは、仕事のすばらしさを息子に見事につたえています。それがあったから、礒貝さんは世界各地を、はいずりまわっていい仕事ができたのだと思います。

礒貝　英才教育というよりも特殊教育といったものです。子どものころから日本全国、農山漁村の民俗学のフィールド・ワークにいつもつれていかれましたが、大変なスパルタ教育で少年時代にはトイレで「こんな親父などくたばってしまえ！」と何度、泣きながら呪ったことでしょう。反発もしましたが今では感謝もし、尊敬もしています。

あん　礒貝さんは恥ずかしがり屋で、不器用なので人から誤解されることがおおいと思います。礒貝さんと一緒にネパールの辺境のフィールド・ワークに行ったことがあります。あるとき礒貝さんが現地の耳の聞こえない子にやさしく手話で接しているところを見ました。人に見られると、すぐやめてしまうのですが。先進国の人は最貧国の人びとと接するとき同情的に接したり、見くだしたように接したりしがちですが、そのときの、礒貝さんの姿はおなじ人間として平等に接するという態度でした。ああ、これが本当の礒貝さんの姿だと感銘して眺めたことがあります。

礒貝　古今東西チョボチョボ人間……親父の人間に接する態度がまったくそうでしたから、そういう態度は親父から学んだのでしょうね。また、子どものころに親父の先生や友人たち——みんな故人だが、柳田國男、澁澤敬三、早川孝太郎、野尻抱影、宮本馨太郎、桜田勝徳、清家　正、清家　清などというすばらしい人たちと接したことで「人間学」を学んだのかもしれません……もちろん、その後の「ぼく自身の世界」で接した、学界でいうとわが師・梅棹忠夫さん……外様弟子ですが……や、そのお弟子さんである石毛直道さん、活字の世界でいえば、故・花森安治さん、故・開高　健さん、高田　宏さんたちから学んだことは、じつにおおい。若いころからの友人関係では、今井通子、堀江謙一……そう、C・W・ニコルもいる……みんな、ある種の天才だね……死んだ方は別にして、どの人との交流も、30年以上になる。（あんとのこの対談を『あとがき対談』と位置づけたので、ここから先、この発言内の文章とそれにつづくあんのひとことは、最終校正時につけくわえた）あんが『グローバルネット』で対談をはじめるにあたって、その編集長である平野　喬さんから、対談相手の人選を依頼されたとき、こうした昔から知っている諸先輩と友人のなかで、あんも面識のある人を中心に編集部に推薦しました。すなわち、C・W・ニコル、石毛直道、今井通子、高田　宏の諸氏がそれ。みなさん、若いころから正真正銘の環境保護派です。このところの環境保護ブームにのっかって、「環境、環境」とさわいでいる人たちではない。故・萱野　茂は、ニックの推薦。山縣睦子、佐々木　崑、岩澤信夫、加藤登紀子の諸氏は、編集部の選択。そういえば、加藤さんとは、ぼく自身、若いころに対談したことがある……。故・渡邉　護、松本善雄の両氏は、あんが２００１（平成１３）年から農山漁村定点観察の拠点にしている宮城県の「年うえのお仲間」。じつは、『グローバルネット』の連載では、このほかに、専業農家及川　寛さんの対談が掲載されていた。この人は、あんが借りて農村定点観察の拠点にしている旧松山町の町有財産である旧武家屋敷に先祖代々でいりしていて、その広大な庭（約６７０坪）の手いれをボランティアでやっていた人なんですが、連載誌の対談に登場したあと、環境保護問題であんを激怒させた。しいて弁護すれば、この人には、この人なりのそれなりの自然に対する哲学があったと思います。この人に対するあんの怒りは、さておき、「環境をうたい文句にしているこの対談本に、環境問題の専門家であるあんを環境保護問題で激怒させた人を登場させるのは、いかがなものか。内容はおもしろいのだが……」というアサヒ・エコ・ブックス編集部の判断で、単行本化にあたって、その人との対談だけ削除しました。わたしが削除をお願いしたのではないことを、ひとこと、つけくわえておきます……それは、さておき、わたしは、日本に来て、議員さんと出会えて、その周辺のいろんな人に接することができたことによって自分がかわったと思います。世界を見る目がすっかりかわりました。親からもらったベースは、かわっていなくても、やはり日本人に接することによりかわった部分はおおきいと思います。

礒貝さんは息子さんがふたりいますが、育児をどうしようかとか、大学をどうしようかという悩みはなかったのですか？

礒貝 それは子どもの勝手で、子どもにああしろ、こうしろといったことは、ありません。「これからの時代、へたに大学をでるよりも、なんでもいいから一流の職人になるのも手だよ」と、中学生時代に学習塾に行くかどうか迷っていた長男坊にいったことはありますが……ただ、親父から教わったことは、きっちり子どもにつたえたつもりです……そう、学業のことで口をはさんだのは、1回きり。長男坊は、自分が勉強したいテーマにそって大学も大学院も自分で選んで、幸運なことにどちらも第1志望校にはいって、やりたかった仕事に就いた。親父の影響のせいか、彼も環境問題を、彼なりに今も追及しているようですが。「高校を卒業する18歳までの面倒は見るが、それ以後の勉強は自己責任」という考え方をするぼくは、欧米の先進国の親のおおくがそうするように、「大学に行きたければ、てめえの力で行け。でなければ働け」という発想をする親だから……。

あん わたしも、大学は親からの一銭の援助なしに、アルバイトと奨学金で卒業しました。カナダでは、ごくごく普通のケースです。ほんと、わたしは、かねてから一流大学に「親子が一丸となって、はいることだけを目的」としている日本の高等教育に関しては、その学費をなんのためらいもなく親が負担することもふくめて疑問に思っています……ちょっと、この対談のテーマから横にそれましたが、それたついでに聞くのですが、ふたりの息子さん

礒貝　の大学と大学院の経費は負担しなかったんですか？

上の子は、奨学金を利用することとコンビニの深夜アルバイトを、ずっとつづけて「独立採算」を目ざして最大限の努力をしたようですが、学部時代は、自宅をはなれて北海道の大学に通っていたので、若干の援助をしました。大学院時代は、自宅からの通学だったので、奨学金だけで、なんとかしのいだようです。下の子は、学部時代から後期博士課程の大学院大学に通いはじめた今日［2007（平成19）年4月］まで、自宅から通学していた。だから、あなたのいう高等教育の経費は、学部時代はアルバイトと奨学金、修士時代は社会人をやりながら大学にかようことで、ほぼ全額まかなっていました。さっき、「1回だけ子どもの教育に口をはさんだ」という発言をしましたが、具体的には、こういうことです。じつは次男坊は、大学の学部時代から修士課程まで、カナダ北極圏に住むイヌイットと彼らの国であるヌナブト準州を学際的、すなわち民俗学・文化人類学・環境歴史学的・文学的立場から、フィールド・ワークをしながら一貫して研究していた。そのテーマを6年間追いつづけているうちに、「極北の現状が、今後の地球の環境のためには重大な鍵をにぎっている」ということに気づいた。が、高等教育機関での勉強は、修士課程できりあげて、実社会で、それなりに問題追及をしたいという考えだった。「この際、実社会に参加しながら、その一方で学問の世界からはなれないで、その問題を追及したほうがいい」とアドバイスしました……プライベートな話はこれくらいにして、話を、そろそろ本論にもどさない？

あん　横道にそれた最後にひとこと。カナダにも「子どもは親の背中を見て育つ」ということわざがありますが、礒貝さんは子どもたちのまえで、立派に見本を示されていた。黒姫時代に見たのですが、夏休みに子どもたちがやってきてともに働き、お父さんをじっと見ているのです。親の働くところを見るということは稀有なことで、わたしは大学生になってはじめて大学教授である親の働く姿を見ました。昼間は家族にあわせてすごしていても夜は自分にきびしく勉強をしている姿を垣間見ました。

礒貝 どんな職業であれ、自分が信念をもっていれば子どもにつたわります。おのれ自身をありのままに子どもに見せて、「無言」のうちに、なにかをつたえていけばいいんじゃないですか。

注1 **柳田國男** ［1875（明治8）年〜1962（昭和37）年］ 日本民俗学の創始者。『遠野物語』『民間伝承論』『郷土生活の研究法』などをまとめ、民俗学の方法論と学問的体系を確立した。

注2 **渋沢敬三** ［1896（明治29）年〜1963（昭和38）年］ 実業家、経済界の指導者として活躍する一方、柳田などの影響を受けて民俗学、民具学の領域で先駆的な役割を果たし、常民文化研究所のほか国立民族学博物館などの設立にも貢献した。

「『人間の心のなかの暗黒部分を探る』というのが、ぼくの探検理論。その意味では『カナダの元祖・森人たち』の取材は探検です」――礒貝

「礒貝さんには
なんでも
吸いこんで
しまうようなところ、
求心力がありますね。
わたしは、吸いこまれないように
注意しました」
——あん

仕事のパートナーとしては最高

あん　礒貝さんとは富夢想野《とむそうや》塾を卒業してからも長いこと一緒に仕事をすることになりました。

礒貝　こんな偏屈な爺さんとの交流が長くつづいたのは、あんが塾の卒業生の第1号だからです。塾生は100人をこすほどいましたが、きびしい卒塾条件を満たして卒業した人は、ほんのひとにぎりです。塾は焼けてなくなってしまったので、過去の数すくない卒業生とうまくやらなければ、塾の〝存在感〟が年々希薄になってしまう。卒塾生に対しては、塾にかかわった関係者が協力して、徹底的に支援体制をとって、「つぶれない、あるいは、つぶさないようにして」実社会でしっかり活動してもらわなければこまる。そこで、卒塾生とは気のあわない相手でも、仲良くしなければならない（笑い）。あなたは富夢想野塾《とむそうや》在籍中から、卒塾後の塾頭時代にかけて、『原日本人挽歌』（清水弘文堂書房刊）を完成した。これは名著です……それ以前の〝ぼくの仲間〟で、あれだけの本を書いた人は、残念ながら、ひとりもいない。今［2007（平成19）年6月現在］は、あなたと共同で日本の海岸線をすべてまわる漁村のフィールド・ワークをはじめ、〝カナダのミナマタ〟作戦、カナダ北極圏のイヌイットの研究――このプロジェクトには、愚息、次男坊の日月［国立大学法人総合研究大学院大学文化科学研究科地域文化学専攻後期博士課程（国立民族博物館）］もくわわっているというか、彼がプロジェクト・リーダーなのですが――などなど、長期間のプロジェクトは、富夢想野舎《とむそうや》の火災のあとの、「わが第4期の人生」以後、かれこれ10年、みじかいものでも6年がかりで、やっている。ぼくは、あんと性格があっているとは思いませんが、共通目的をもっていれば、なんとかつきあっていけるものです。「ともに目指すテーマがあれば、その目標達成にむかって組んでプロジェクトをつくる。その目的を達成した暁には、そのプロジェクトは解散すればいい」というのが、かねてからのぼくの持論です。わが師、梅棹忠夫の師匠今西錦司の「人は意味もなく群れていてもしかたない」という論調の影響をうけた論理展開であるのは、重々承知のうえの持論ですが……。

あん　わたしも礒貝さんのことをあまり好きではないのですが、仕事のパートナーとしては最高の人です。『カナダの元祖・森人たち』の現場では、つれていった学生たちの役割分担はさておき、礒貝さんはおもに写真担当とディレクティング、わたしはデータ・ウーマンとしてインタビュー担当でしたが、現場で仕事中は対話をしたり相談したりすることはほとんどありませんでした。会話をしなくても、調査・取材の呼吸がぴったりあっていたのです。

礒貝　その点では、富夢想野塾《とむそうや》は存在意義があった。あの塾でともに切磋琢磨《せっさたくま》しながらすごした何年間のうちに、自然にメソッドが確立されていたのです。

あん 議貝さんは「あなたはあなた、おれはおれ」とおっしゃいますが、議貝さんには、なんでも吸いこんでしまうようなところ、求心力がありますね。わたしは吸いこまれないように注意しました。

議貝 個人的に、われわれは相手に対して悪感情をもっているところがある――これは誤解を招きやすい発言だが、ようするに、おたがいに、心のどこかで、「いやなヤツ」と思っている部分があるのだが、それは共同で作品を生むための障害にはならなかった。

われわれの作品『カナダの元祖・森人たち』はカナダの先住民が住んでいる森のなかの河川が汚染され、彼らが有機水銀中毒に苦しめられている現状を世に訴えたものです。この本にカナダが首相出版賞をくれるという。受賞の知らせを受けたとき、ぼくはうれしいというより驚いた。「この手の本」に賞をくださるというカナダという国の懐の深さに心底感服した。アメリカのブッシュ政権だったら、こんな本に金輪際、賞はだしません。「あとがき」にも書きましたが、なによりもうれしいことはカナダの先住民の声がカナダの首相にとどいたということです。著者は、テーマにそって本を書いてしまえばそれっきりですが、有機水銀の害は、最低でもあと50年はつづきますからね……もっとも人類が環境問題を、このまま、おざなりにしておくと、人類滅亡まで80年という極端な学説もありますから、「そんな、たかが有機水銀の害をおお声あげてさわぐな」という人もいるでしょうが（笑い）。

あん あの現場は、たった1200人の先住民だけが住んでいる場所。水俣の場合ともちがって、被害を無視しようとすれば無視できる状況でした。現地近くに住むコケージョン（白人）のおおくは、できることなら「見て見ぬふり」をしたかったのではないかと思います。でも、わたしはひとりの重症の有機水銀中毒症のいわゆる胎児性水俣病の子どもの患者に会った

カナダの先住民を有機水銀中毒で苦しめた元凶の製紙会社の工場（今は別の会社になっている）

ことで、無視できなくなりました。

礒貝　ドライデン化学という英国系の会社が汚染物質を川に流しました。その川沿いには、たまたま先住民は住んでいたがコケージョンはひとりも住んでいなかった。彼ら（会社や周辺に住むコケージョン）の気もちのなかには、水銀に汚染された川の流域にコケージョンが住んでいなくてよかったという安堵感があったのでしょう。この問題は被害が明らかになってから17年間も放置されていたのです。

この調査研究をちゃんとした学術書、あるいは学術論文にまとめて発表するためには、あと4～5年はかかるでしょうが、われわれはそんな悠長なことはしておれないという気分だった。だから、とりあえず「映像資料編」として『カナダの元祖・森人たち』を世に問うた。それにしても、コケージョン・アーバン・ソサエティー（白人主流社会）からデータがでてこないのには、まいったね。

あん　これはおもしろい共著です。礒貝という日本人と、あんというカナダ人がカナダの先住民の

砂漠地帯を行く礒貝さん――イランのケルマン砂漠を、1962（昭和 37）年と 1967（昭和 42）年に２回、礒貝さんは横断している。［『ふおと・るぽるたーじゅ　メルヘンの旅』（礒貝　浩編　ぐるーぷ・ぱあめ制作　朝日新聞社）の表紙から複写加工］

ことを書いたものです。英語で取材した題材を英語のデータ原稿にして、まず英語版の本を出版して、それを日本語として完成するというのはユニークな仕事でした。ともに写真を撮り、ともに書き、ともに訳した作品ですが、礒貝さんは完全主義者なのでいろいろいきさつはありました。先住民の味のある言葉（英語、ときにオジブワ語）のニュアンスは、なかなか日本語に翻訳できないこともあり、しあげの最終段階では激論もかわしました。しかし、さっきも話したように現場での調査・取材に関してはふたりの目線はつねにおなじで、まったく議論はありませんでした。

編集部　これは礒貝さんにとっては、やはり探検ですか？

礒貝　「この地球上に生息した生物《せいぶつ》のなかで、人類は最悪の生物《いきもの》」という仮説を前提として……もちろん、そうでないことを願いつつ……、「人間の心のなかの暗黒部分を探る努力」が探検だ、というのが、ぼくの探検理論ですが、その意味では『カナダの元祖・森人たち』の調査・取材は探検です。もうひとつ、ぼくには怨念がある。１９６０年代の初頭から、ぼくは探検部の仲間たちや後輩たちとともにフィンランド北極圏に住むサーミ、ヒターナ（一般的にはジプシーと呼ばれている）、バスク人（いずれもスペイン）、イヌイット（アラスカとカナダとグリーンランド）、シェルパ、タカリ（いずれもネパール）、ガウチョ（アルゼンチン）、インディオ（アマゾンの奥地、ペルー、パラグアイ、エクアドル、ボリビア）、ラカンドン（メキシコ）、ネイティブ・アメリカン（アメリカ）などの少数民族と交流し、実際に現地で長期にわたる調査・取材を行ってきた。でも、これ

らすべての調査・取材を散発的な小作品としては発表したが、基礎資料が火事で全部焼けてしまったという特殊事情があったにせよ、仲間もぼくも、しっかりとまとまった作品として世に問うことができなかった。

80年代にはいって、ぼくは決心しました。「今後、若い仲間たちと組むときには、最終的にちゃんとまとまった作品にしあげることができる人材と組もう」と。そして、なにがなんでも作品にまとめあげるという情熱と執念を失ってしまっていた、それまでの仲間たちのほとんどの人と決別して富《と》夢《む》想《そう》野《や》塾を立ちあげたのです。そこで、あんという優れた才能と出会ったことによって、この本に結実することができたのです。

1967（昭和 42）年に東西国境線をフィンランド・旧ソ連国境からネパール・中国国境まで陸づたいに平凡社の『太陽』特派員として歩いたとき、フィンランドで国境警備隊の隊員たちを取材する礒貝さん［『東西国境十万キロを行く！――地球は丸いはずなのに』（礒貝　浩　清水弘文堂書房）より複写］

編集部　ところで、この本は売れますか？

礒貝　売れないいね。売れてくれればうれしいが、売ることを前提にした「本づくり」（編集）をしていませんからね。この本はふたりの共著ですが、編集はぼくが勝手にやらせてもらいました。

あん　どんな優秀な書き手であっても、本の最終の出来ばえは編集者の腕前につきると思いますが……。材料を提供するのは書き手と写真家、それをまとめるのが編集者でしょう。

礒貝　今、いった言葉を忘れないでください。博士号などをもっている高慢な若者は自分の書き物に自信があって、しばしば編集者の領域をおかします。あなたの今の言葉、あなたも将来いろいろな編集者と接することがあるでしょうが、忘れないでほしい。編集者としてのぼくにとって、あなたは謙虚でいい著者ですが。

「現代の探検は、みずからも含めた人間の内側に潜む『心の闇』を探るものだと思います」――礒貝

「礒貝さんは夢を追う人同士で組織はつくるが、金儲けとか安定とはおよそ無関係な組織でした」――あん

あくまで少数派でありつづけることにこだわる礒貝さんの探検論やアウトサイダー論を、同志であるあんさんが、あらためてたずねていくうちに、「地球人間＝アウトサイダー」であろうとする礒貝さんの姿が原日本人として浮かびあがってきます。

少数派の調査・取材をし、みずからも少数派と自称してきたのがぼくの人生

あん　礒貝さんがヨーロッパにはじめて行かれたのは1961（昭和36）年だと思いますが、ヨーロッパでは日本人はめずらしかったのではないですか？

礒貝　小田　実が『何でも見てやろう』を書いたころ。日本では青い目が、むこうでは黒い目がめずらしいころでした。

あん　礒貝さんはエリート教育を受けられたと思いますが、ずっと日本に住んでいたら、ちがった人生を歩かれたことと思います。礒貝さんが選んだ海外生活というのはまったく安定のない

1967（昭和42）年、極寒のヨーロッパ北極圏フィンランドの最北の地をさらに北へ北へとヒッチハイクで……［『東西国境十万キロを行く！——地球は丸いはずなのに』（礒貝　浩　清水弘文堂書房）より複写］

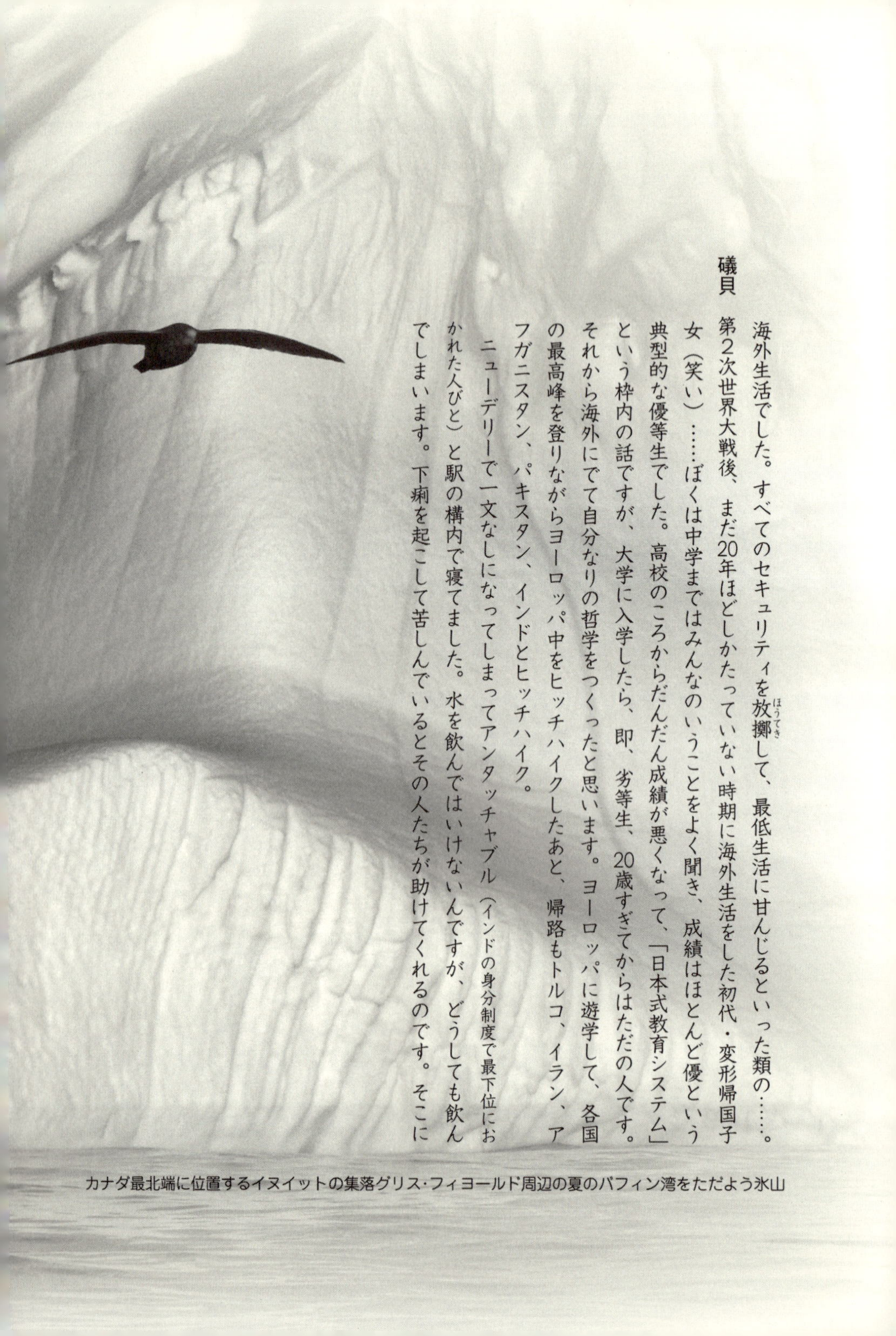

海外生活でした。すべてのセキュリティを放擲《ほうてき》して、最低生活に甘んじるといった類の……。

議員　第２次世界大戦後、まだ20年ほどしかたっていない時期に海外生活をした初代・変形帰国子女（笑い）……ぼくは中学まではみんなのいうことをよく聞き、成績はほとんど優という典型的な優等生でした。高校のころからだんだん成績が悪くなって、「日本式教育システム」という枠内の話ですが、大学に入学したら、即、劣等生、20歳すぎてからはただの人です。それから海外にでて自分なりの哲学をつくったと思います。ヨーロッパに遊学して、各国の最高峰を登りながらヨーロッパ中をヒッチハイクしたあと、帰路もトルコ、イラン、アフガニスタン、パキスタン、インドとヒッチハイク。

ニューデリーで一文なしになってしまってアンタッチャブル（インドの身分制度で最下位におかれた人びと）と駅の構内で寝てました。水を飲んではいけないんですが、どうしても飲んでしまいます。下痢を起こして苦しんでいるとその人たちが助けてくれるのです。そこに

カナダ最北端に位置するイヌイットの集落グリス・フィヨールド周辺の夏のバフィン湾をただよう氷山

インドの上流階級のお嬢さんが通りました。おつきの男が駆けよってきて寝そべっているわれら文なしを蹴散らかして道を開けます。「くそったれ！」と思ったね。体力があったら、一発、おみまいしている場面だった……。

それから日本に帰ってきて学生を1年間やったんですが、まだ歩いていない世界がある、そこをまわらなければと、またヒッチハイクにでかけました。100か国は歩いたと豪語していますが、実際に「大地とまぐわうように」歩いた国は70〜80か国ぐらいだと思います。探訪先の最北端は、カナダ北極圏のグリス・フィヨールド、最南端は南アフリカのケープ・ポイント。こうした旅で得た哲学は単純明快、「アウトサイダーでない探検家は偽者だ」ということです。ドロップ・アウターとは、ひと味ちがうニュアンスの「はみだし人間」。探検家を名のったことのある人は、みずから「中央」で生きる道をはずして少数派として存在していなければならないということです。まえに話したように、世界各地の少数民族の調査・取材をし、みずからも少数派と生涯、称してきたのが、ぼくの人生です。

編集部　その衝動はなんですか？

礒貝　ぼくは上智大学に探検部をつくりました。梅棹忠夫さん——ぼくのつくった探検部の初代顧問だったんですが——が自宅で主宰しておられた「金曜サロン」の先輩である本多勝一さんが仲間とともに京都大につくり、そして早稲田大学にもできた、そのちょっとあとのことです。1960年代には、三大探検部と勝手に自称していましたが……。20歳のころ松島駿二郎と共著で探検論を書きました。『単細胞的現代探検論』（自由国民社）という本です。まえにも、この言葉にはふれましたが、『探検とは、畢竟《ひっきょう》、人間の心のなかの暗黒部分を探る努力である』という詩人の谷川俊太郎さんの言葉を、そのままわが探検理論の柱にさせてもらって……。

20世紀はテラ・インコグニタ（未知の地）がなくなってしまった時代。地平線のむこうにむかって、どんどん進んでいくと、やがてたどり着くその先には出発点のわが家――すなわち、マイ・ホームしかないという局面に探検家は甘んじなければならない皮肉な時代。チョモランマも登頂され、北極点・南極点も〝征服〟されていましたから、もう地理的な探検は終わってしまった。そこで、まだだれもやっていない最後の「地理的探検」である北極横断を立案したことがあります。世界中の探検家と称する〝山師たち〟みんながアラスカのイヌイット（アラスカでは、エスキモーを自称している）たちと組んで北極横断をもくろんでいるので、それならば、おれたちはヨーロッパ北極圏に住んでいるサーミ（サーメともいう）の人たちと組む〝山師〟になろうと考えたのです。結局、このパイオニア・ワークは英国隊に先をこされて断念したんですが……。なんにせよ、19世紀の探検は植民地主義の尖兵でした。そして現代の探検は、みずからも含めた人間の内側に潜む「心の闇」を探るものだと思います。

あん　若いころに書かれた本には『ぼくらは地球人間にアウトサイダーとルビをふる』とありますが、みずからがアウトサイダー的立場に立った地球人でありたいということですか？

礒貝　うーん、これをひとことで解説するのは至難の技だ……ぼくは若いころから、地球の国々がひとつにまとまればいいな、と甘く夢想する「世界連邦」主義者でした。宗教問題や人種問題でことごとく対立するわれら、できの悪い人間には、ひょっとすると実現不可能な夢だと、今では絶望することがおおいのですが……。ぼくのアウトサイダー論には思想的背景はない。ぼくは今まで少数派以外にはどんな〝派閥〟にも属したことがありません。世界史にしろ日本史にしろ歴史はつねに強者の歴史です。民俗学や環境歴史学というのは弱者――常民の歴史を発掘しようというものです。あんはこのへんのことはどう思う？

あん　わたし自身、気がついたらアウトサイダーだったので、もはやもどりようがありません。

　議貝さんのお師匠さんである梅棹忠夫さんの議貝論によると『彼がみずからに課しているルールのきびしさは、われわれを深く考えさせる。それは、きびしい自立の精神である。（中略）彼の精神的姿勢は重々しい足どりで歩むひとりの求道者にも似ている』とあります。

　わたしの見るところでは、どこの国でも主流にいる人は安定を求める。出世の手段以外では、外国には行かない。外国に長く滞在して主流から、はずれるのをおそれています。経済的安定、精神的安定が人間を1か所にとどめると思います。

　議貝さんはめずらしい人間です。議貝さんは日本のなかで、その気になれば相当な社会的地位を得て居心地良く一生すごせたはずです。いえ、いえ、今の議貝さんの地位が低いといっているわけではありません（笑い）。組織のぬくもりに安住せず、冷たい海にはいり、しかも、その海のなかに仲間を引きこむという仕事をやられた。凍った海のなかで組織をつくって、金儲けではなく夢を追った。他人と共通の目標をもったときには、それにむかってまい進し、目標が失われれば解散することにしていた。普通ならば、家庭をもち、子どもができれば、子ども教育、家のローンの返済などに追われて、青春時代の夢は追えないものです。議貝さんは夢を追う人同士で組織はつくるが、その組織は金儲けとか安定とはおよそ無関係な組織でした。

議貝　そう、おれはしがない夢追人。あげくのはてが、「さまよえる無冠の熟年男」（笑い）。

世のなかに対して斜に構える

あん　しつこいようですが、あえて、もう1度聞きます。議貝さんにとって探検とはなんだったの

議員

ですか？

簡単にいうと、ぼくの発想の原点は、体のなかの地球を丸くしようということだったのです。地球は人類のためだけにあるのではないと思っています。ぼくには目をつむった場合、からだのなかで地球が丸くなる必要があったのです。そのことで、「地球、それ自体の存在」、「人類が蹂躙《じゅうりん》する地球」ではない、万物のための地球をからだで感じたかった。わかるかな？

今からかれこれ40年まえ、１９７２（昭和47）年8月25日に朝日新聞社から刊行された全8巻のシリーズ『探検と冒険　朝日講座』の5巻目に、ぼくは「ヨーロッパ探検の提唱」という一文を掲載しています。32歳のときに書いた雑文なのですが、その最後を、こう締めくくっています。『この饒舌《じょうぜつ》な雑文を、ぼくはキザな態度に終始して「日本を対象にして」書きあげた。日本国という地球の一地域にあくまでこだわった論調でつらぬいた。しかし、この雑文は、地球を全体像として把握したうえで、その表面にくらいついている全人類を相手にカナキリ声をあげたい主張の、あくまで序論でしかないことを、最後の最後にことわってペンをおく。いまや、地球は「お国のために」式の発想でカタがつく球体ではなくなってきている。このことだけは、はっきり、いっておきたい。』……当時、この手の論調には、だれも見むきもしなかった。今、地球の環境問題は、１９９９（平成11）年から、あんも政府レビュー作成のスタッフとして参加している権威あるＩＰＣＣのレポートが悲観的な「地球環境の未来像」を描きだしたことで、一部のインテリのあいだでは若干の関心を集めるようになってきたけれども。ほんと、ぼくが「警告」を発したあのころに、みんなが「人類の勇み足」を修正する方向にむかっていたら、もうちょっとましな「地球の未来像」が想定できただろうに……それはさておき、当時のぼくの話にもどれば、日本の場合は、日本地図が心のなかに描けるようにしようとした。日本をすみからすみまで空撮することでね。

あん　世界中を歩き終えた45歳で目をつむったら世界と日本の地図が描けるようになりましたか?

礒貝　地図を描くのではなく、地球の全体像が心の内側につまっているという感じです。

あん　そこから先の世界はなんですか?

礒貝　個人の内面問題にしぼって発言するならば、「地球に対する思い」は、さておき、ぼくは、ますます、内なる「メンタルの世界」にのめりこんでいった。

ぼくの転機は南米でチェ・ゲバラが死んだ直後、フランスの文学者レジス・ドブレを追ったとき。その経験をお話ししましょう。

彼はゲバラと一緒に行動していたが、外国人だから殺されずボリビアの監獄にいれられ、その後、国外追放になった。ぼくと同行していた松島駿二郎は、平凡社の『太陽』の特派員として彼にインタビューしようとしたわけだが、うまくいかず、秘密警察につかまって国外追放された。もちろん、松島に指令をだしたぼくも彼と一緒に国外に追放された。南米では、ドブレだけでなく、ゲリラを追う取材をしていたんだけど、南米某国で若いゲリラに「君は国に帰れば、またぬくぬくとした元の暮らしにもどれるが、おれは、ここで死ぬしかないんだ」といわれたとき、強烈な衝撃を受けた。それ以後ぼくは世のなかに対して斜に構えるようになり、人びとと距離をおくようになった。

あん　礒貝さんの文につぎのようなものがあります。『ぼくは家をもたない。十数年まえ「父の家」を飛びだしてから、ずっと家というものをもったことがない。(中略)キザを承知でいえば、身も心も放浪の真っただなかにおいて、斜に構え、その甘酸っぱく切ないセンチでリアルな世界から世のなか見すえてきた』。「斜に構える」という部分は、「おれの目指しているのは、男の生き方にしろ日本社会のあり方にしろ、こんなものではないだろう」という気もちですか？

礒貝　うん……、きみは、ずばり、本質をつくするどい質問をつぎからつぎへとするねえ。さすが、富夢想野《とむそうや》塾卒の優等生だ（笑い）。うーん、きみの質問の直接の答えにはならないだろうが、ひとついえることは、なにか完成してしまうと、もうそれには興味を失ってしまうという性《さが》をぼくはもっている。新しいことを思いついたら、すぐに実行します。それがうまくいかない場合は、それでいいのですが、それがうまくいくといろいろと係累がつきまとってくる。ぼくは実行してきたことを、ともにそのプロジェクトをやった仲間に明け渡して手をひく。富夢想野《とむそうや》舎の場合は火事で焼けてしまいましたが、焼けなかったらあそこでやった壮大な実験の数々——無農薬野菜の大規模栽培、それを消費者に直接とどけるシステムの開発、グリーン・ツーリズムの先駆け的実験、オフコン編集による嚆矢《こうし》的本づくり、モデムを使ったサテライト・オフィスの実験などなど、今の世の脚光を浴びていたと思う。もし、火事がなくて、あの実験が成功していたら、ぼくはおそらくその管理は人にまかせて、つぎのことをやっていたと思う。たぶん、きみが「総大将」としてあそこに君臨してたんじゃないの（笑い）。

あん　話はちょっと、まえにもどりますが、礒貝さんのいう斜に構えるということは本当に必要だと思います。

礒貝　日本人はともすると、みんなおなじ方向をむき、おなじように生きる傾向がある。最近、一歩誤ったら日本の社会全体が戦前にお里帰りするのではないかと心配することがあります。ぼくは地球のどこでも生きていく自信がある……あくまで、「わが母なる、あるいは父なる地球」が、人間をふくむ生物の生存を許す環境にあることを大前提にしたうえでの話ですが。少数派のぼくが日本から逃げだして、ほかのどこかの国で暮らしはじめることがあるとすれば、それって結構、「この国のあり方」を示すいいリトマス試験になるんじゃないかな……なんちゃって。このいい方は誤解を招くかな……ちょっと発言の修正をしましょう。「それぞれの国のあり方」は、もちろん、大切なテーマですが、地球上で生きとし生けるわれら人類、「地球全体の環境」に、繊細な思いを馳せましょうよ……ほんと、おれって進歩のない男だなあ。40年まえとおなじことを、棺おけに片足つっこみながら、まだほざいている……。

あん　富夢想野《とむそうや》塾の塾生であったころは、よく「礒貝哲学」を拝聴しましたが、これだけまともに礒貝さんの話を聞くのは、ひさしぶりで、とっても有意義でした。ほかのみなさんの話も、とっても参考になりました。

礒貝　斜にかまえていえば、ぼくもふくめて「あちら」から、もうすぐお迎えがきそうな熟年男女諸氏の〝与太話〟にきみは、3年間、つきあわされた……ぼくの話は世迷いごとの羅列で、とくにひどかった……そういえば、単行本化された今現在［2007（平成19）年夏］の時点では、この対談集のなかのおふたり、萱野さんと渡邊さんは、もう、この世にいない……ほんと、おふたりとも、すばらしい人だった……もうちょっと、まじめに話せば、この対談集は、「元祖・環境保護派人間として、これだけは後世の日本人にいいのこしておく」という諸氏の熱い思いがこもったメッセージ集でもある。ほとんどの対談に、写真係りとしてぼくも同席したが、あん、きみは平野　喬編集長をはじめ、『グローバルネット』編集部の坂本有希さん以下の諸氏諸嬢とともに、このプロジェクトに関しては、「いい仕事」をしたと評価している。

あん　辛らつ、かつ、冷徹な〝わが師匠〟礒貝さんに、そういってもらえると、とってもうれしい。サンキュー・ベリーマッチ。

［2004（平成16）年6月1日、東京都内にてインタビュー　2007年5月15日、一部、追加］

礒貝　浩（いそがい・ひろし）

1940（昭和15）年生まれ。上智大学外国語学部イスパニア語学科卒業。大学在学中に探検部を創立、大学生活のはじめの数年は日本国内の山登りに専念する。1961（昭和36）年、大学2年の終わりからマドリード大学に留学、その前後に欧州から中近東、東南アジアにヒッチ・ハイクやキャンピング・カーで放浪の旅をする。その後ふたたび、1963（昭和38）年から翌年にかけてヨーロッパから南米・北米を放浪する。1964（昭和39）年、仲間と結成した創作集団ぐるーぷ・ぱあめの下部組織として、編集プロダクション「ぐるーぷ・ぱあめ」を立ちあげ、大学卒業後も15年ほど長期海外調査・取材旅行を繰り返し、作品をさまざまな雑誌等に発表、著作にまとめる。大地をはうようにまわった国、約90カ国。1986（昭和61）年、長野・黒姫に「富夢想野《とむそうや》舎」を立ちあげそこで農村塾を主宰、1994（平成6）年に火事で施設のおもだった建物が焼けるまで、創作活動やマスコミ塾のほか無農薬有機農業実験農園などにもとり組む。現在、清水弘文堂書房社主。全富夢想野《とむそうや》舎名誉舎主。ノンフィクション作家、写真家、DTP（コンピュータ編集）エディター&アート・ディレクター。2004（平成16）年、あん・まくどなるどとの共著作『カナダの元祖・森人たち』が「カナダ首相出版賞」を受賞。ほかにカナダ・メディア賞大賞も受賞。英語版もふくめ著作多数。

あん・まくどなるど

1965（昭和40）年生まれ。カナダ・マニトバ州ウィニペグで育つ。1980（昭和55）年9月、フォット・リチモンド高等学校に入学。同高校時代、AFS（アメリカン・フィールド・サービス）交換カナダ人留学生第1号として日本の河内長野に留学。1年間の留学をおえ、帰国。1984（昭和59）年6月にフォット・リチモンド高等学校を一番で卒業し同年年9月、栄養学者の父親の跡を継ごうと考え、マニトバ州立大学科学部（栄養学部）に入学。1年間、そこで学ぶ。父親は同大学同学部の教授だった。ここでも優等生だったが、まわりが「高名な学者の娘」と一目おくのに反発、1985（昭和60）年9月、ブリティッシュ・コロンビア大学（バンクーバー）東洋学部日本語科に再入学。同大学3年生の1988（昭和63）年10月、日本の文部省（当時）推薦の国費留学生として熊本大学に1年間留学したのち、長野県の黒姫（信濃町）の富夢想野舎《とむそうやしゃ》内の農村塾に籍をおき、農村のフィールド・ワークに1年間従事。帰国後、ブリティッシュ・コロンビア大学東洋学部日本語科を首席で卒業したあと、ふたたび来日して、アメリカ・カナダ大学連合日本研究センター（旧スタンフォード大学日本研究所）研究課程を1992（平成4）年6月修了。東洋学と政治学専攻。この期間、同時にふたたび「富夢想野《とむそうや》塾」に再入塾し、農村のフィールド・ワークを再開。信州の農村でのフィールド・ワーク期間は、合計で6年間におよび、最後のころには「富夢想野《とむそうや》塾」の塾頭として後輩を指導。塾時代の研究成果を『原日本人挽歌』（清水弘文堂書房）という著作にして発表。この著作が、農業専門家のあいだでは高く評価され世にでる。

１９９７（平成９）年、県立宮城大学が誕生。専任講師として教鞭をとるようになる。同大学特任助教授をへて、現在、同大学国際センター常任准教授。その間、上智大学コミュニティー・センター講師、立命館アジア太平洋大学客員教授、清水弘文堂書房取締役（宮城大学常任助教授就任と同時に辞任）などもつとめる。農業・漁業を中心にすえた日本学（民俗学）、環境学、環境歴史学などを専門とする。そのほか、「立ち上がる農山漁村」有識者会議委員（内閣官房）、農村におけるソーシャル・キャピタル研究会委員、生物多様性戦略検討会委員、全国環境保全型農業推進会議委員（以上、農林水産省）、（社）全国漁港漁場協会理事、（財）地球・人間環境フォーラム客員研究員などおおくの委員をつとめる。宮城県大崎市松山町を拠点として活動。同地で奥仙台富夢想野舎《とむそうや》無農薬農園を主宰。同時に福島県の奥会津（下郷）富夢想野舎《とむそうや》の立ちあげに協力している。

著書は『原日本人挽歌』のほか、『日本って!? PART1』『日本って!? PART2』『すっぱり東京』『Lost Goodbyes とどかないさよなら』『アンの風にのって』『From Grassy Narrows』（英語版、儀貝 浩との共著）『環境歴史学入門』（儀貝日月編）などがある。発行人・プロデューサーをつとめた『北の国へ!! NUNAVUT HANDBOOK』は「第3回カナダ・メディア賞」の大賞を受賞、儀貝 浩との共著作『カナダの元祖・森人たち』は「２００４（平成16）年度カナダ首相出版賞」を受賞した。そのほか、２００５（平成17）年秋（１１４）号から季刊『民族学』（財団法人千里文化財団編集・発行　国立民族学博物館協力）に長期連載中の「海人万華鏡」は、連載終了後、儀貝　浩さんとの共著として単行本化されることがきまっているが、そのダイジェスト版は、１９９８（平成10）年度、第2回海洋文学大賞小説・ノンフィクション部門（審査委員長　曽野綾子　審査委員　北方謙三　谷　恒生ほかの諸氏）佳作に選ばれた。

□最近「２００７（平成19）年7月現在」の動向□宮城大学であんさんが、いくつかうけもっている講義のなかに、専任講師をひきうけた年から、留学生たちを対象にした「日本事情」という講座がはじまった（初代学長野田一夫さんの発案）。その講義の一環として、この講座がはじまると同時に留学生たちに農業体験をさせる企画をあんさんが立案した。手植えによる田植えからイネ刈りまで、留学生たちに経験させようという案である。大学の所在地である大和町に本拠を置く「ＪＡあさひな青年部」と「４Ｈクラブ（黒川郡農村青少年クラブ連絡協議会）」の協力をえて、この行事は、現在もつづいている。「ＪＡあさひな青年部」は、この長期にわたる「産学協同（農学協同）」のプロジェクトの成果を２００６（平成18）年度宮城県ＪＡ青年大会で発表。ＪＡ青年組織活動実績発表最優秀賞を受賞した。さらに、同年の東北・北海道大会のＪＡ組織活動実績発表でも優秀賞を授与された。

清水弘文堂書房の本の注文方法

■電話注文03-3770-1922／046-804-2516■FAX注文046-875-8401■Eメール注文mail@shimizukobundo.com（いずれも送料300円注文主負担）■電話・FAX・Eメール以外で清水弘文堂書房の本をご注文いただく場合には、もよりの本屋さんにご注文いただくか、本の定価（消費税込み）に送料300円を足した金額を郵便為替（為替口座00260-3-59939　清水弘文堂書房）でお振り込みくだされば、確認後、一週間以内に郵送にておおくりいたします（郵便為替でご注文いただく場合には、振り込み用紙に本の題名必記）。

原日本人やーい！　あん・まくどなるど対談集
ASAHI ECO BOOKS 20

発　　行　二〇〇七年七月二十八日
編　　集　（財）地球・人間環境フォーラム
発 行 者　荻田　伍
発 行 所　アサヒビール株式会社
住　　所　東京都墨田区吾妻橋一-二三-一
電話番号　〇三-五六〇八-五一一一
編集発売　株式会社清水弘文堂書房
発 売 者　礒貝　浩
住　　所　《プチ・サロン》東京都目黒区大橋一-三-七-二〇七
電話番号　《受注専用》〇三-三七七〇-一九二二
Eメール　mail@shimizukobundo.com
H　　P　http://shimizukobundo.com/
編 集 室　清水弘文堂書房葉山編集室
住　　所　神奈川県三浦郡葉山町堀内八七〇-一〇
電話番号　〇四六-八〇四-二五一六
F　A　X　〇四六-八七五-八四〇一
印 刷 所　モリモト印刷株式会社

ISBN978-4-87950-581-1 C0095